Visualisieren in Workshops, Meetings und Präsentationen

Sabine Peipe

Visualisieren in Workshops, Meetings und Präsentationen

Einfach, klar und kreativ

2., überarbeitete und erweiterte Auflage

Haufe Group
Freiburg · München · Stuttgart

Bibliografische Information der Deutschen Nationalbibliothek

Die Deutsche Nationalbibliothek verzeichnet diese Publikation in der Deutschen Nationalbibliografie; detaillierte bibliografische Daten sind im Internet über http://dnb.dnb.de abrufbar.

Print: 978-3-648-16657-4 Bestell-Nr. 10280-0002
ePDF: 978-3-648-16658-1 Bestell-Nr. 10280-0151

Sabine Peipe
Visualisieren in Workshops, Meetings und Präsentationen
2. Auflage 2023

www.haufe.de
info@haufe.de
Produktmanagement: Anne Rathgeber

Umschlag: RED GmbH, Krailling

Inhaltsverzeichnis

1 Einleitung

PowerPoint & Co.: Sie kennen es, wie schnell diese vielen, aneinandergereihten Folien an einem vorbeiziehen. Alles schon mal dagewesen. Nichts Neues mehr. Was zur Folge hat, die Aufmerksamkeit ist spätestens mit Folie 5 weg: Also, PowerPoint-Sessions ermüden und reduzieren oft die Aufmerksamkeit.

Wie wäre es, wenn man nur mit Stiften und Papier eine »neue Welt« entstehen lassen kann? Bei denen man die Menschen mitnimmt, Aufmerksamkeit und Interesse erreicht?

Eine Visualisierung verbindet Menschen miteinander, jeder findet sich darin wieder. Sie weckt Emotionen und Interesse. Es ist neu und es ist wirklich anders.

Visualisierungen schaffen Dialoge, sie gehen weg von der einseitigen Informationsflut und erzeugen durch die Dialoge ein echtes Miteinander.

Visualisierungen bringen Dinge auf den Punkt. Unnötiges wird weggelassen. Visualisierungen leben von der Reduktion.

Visualisieren kann jeder!
Mit diesem Buch steigen Sie ein in die Welt der Visualisierung.

Stellen Sie sich vor, Sie möchten gemeinsam mit Ihren Mitarbeitern die Neuausrichtung Ihres Geschäftsfeldes gestalten. Sie haben sicher eine genaue Vorstellung davon, wie Sie vorgehen und welche Ergebnisse Sie erzielen möchten?

Welche Vorstellungen werden wohl Ihre Mitarbeiter haben, dieselbe oder eine ganz andere? Jeder von ihnen hat sicher seine eigenen Ziele und Wünsche und nicht zuletzt auch Ängste und Sorgen, was die Neuausrichtung für ihn bedeuten könnte. Durch Visualisierung fassen Sie Vorstellungen, Ideen, Wünsche und Ziele aller Beteiligten zusammen. Dadurch ergibt sich ein »gemeinsames Bild«, worin sich jeder wiederfinden kann. Ängste, Unsicherheiten usw. werden auf diese Art und Weise visuell erfasst und gemeinsam lassen sich Lösungen finden. Sie fragen sich jetzt, wie?

Sie lernen die Grundlagen des visuellen Vokabulars kennen und entwickeln Piktogramme für Workshops, Meetings und Präsentationen. Sie entwerfen und erstellen pfiffige FlipChart- und Pinnwand-Präsentationen, mit denen Sie die Aufmerksamkeit und das Interesse Ihrer Mitarbeiter und Ihres Teams wecken (können).

Das vorliegende Buch ist in verschiedene Bereiche aufgeteilt.

Wenn Sie ganz neu in das Thema »Visualisierung« einsteigen, empfehle ich Ihnen, sich im Warm-up (Kapitel 2) zuerst die Grundlagen der Visualisierung anzuschauen. Hier lernen Sie, was Sie alles mit den Grundformen der Visualisierung, wie Linien, Kreise, Dreiecke und Vierecke, visualisieren können.

In den folgenden Kapiteln nutzen Sie Prozesse, Pfeile und Banner zur Visualisierung, um z. B. Entwicklungen oder Veränderungen aufzuzeigen. Ich zeige Ihnen, wie Sie Texte gut »verpacken« können, in dem Sie ansprechende Textboxen bzw. -container kreieren und somit Ihren Texten den notwendigen Rahmen geben.

Figuren spielen eine große Rolle bei der Visualisierung. Sie spiegeln Emotionen wider, wie Freude, Spaß, Ärger, Frust oder Ängste. Sie lernen mit meiner Hilfe, wie Sie einfache Kugel- oder Strichmännchen zeichnen können und wie Sie Gesichter und auch komplexe Figuren mit wenigen Strichen auf das Papier bringen.

Ein größeres Kapitel in diesem Buch ist der Visualisierung von Business-Symbolen oder Piktogrammen gewidmet, also, wie Sie bestimmte Fachbegriffe klar und einfach visualisieren können. Sie entwickeln Piktogramme für Prozesse, Entwicklungen und Veränderungen, für Kommunikation und Information, für Infrastruktur und Organisation. Es werden weitere Fachbegriffe visualisiert, wie beispielsweise *digitale Transformation, Internet, Strategie, Produktivitätssteigerung, Vernetzung, Umwelt* usw.

Diese Business-Symbole sollen Ihnen Anregungen geben, was sich im beruflichen Umfeld alles visualisieren lässt.

Mit Visualisierungen können Sie Ihren Workshops, Meetings oder Präsentationen den richtigen Rahmen geben und die Struktur vermitteln. Dazu gehören neben einem Bild zur Einstimmung die Agenda, die Erwartungs- und Zielabfragen, natürlich auch die Pausenzeiten und dergleichen mehr. Beispiele dafür sehen Sie im Kapitel 11.5.

Ein weiteres größeres Kapitel in diesem Buch beschreibt die Visualisierung von FlipCharts und Pinnwänden. Anhand vieler Beispiele aus Präsentationen, Workshops und Meetings zeige ich Ihnen, wie Sie ein FlipChart oder eine Pinnwand Schritt für Schritt visuell aufbereiten und mit der Verwendung von Symbolen, Texten und Farben Wirkung erzielen.

In der 2. Auflage habe ich ein neues Kapitel zur Visualisierung in Online-Meetings ergänzt. Ich zeige Ihnen, wie Sie auch in virtuellen Workshops, Meetings und Präsentationen mit Visualisierungen kreativ arbeiten, alle Beteiligten einbinden und den Austausch untereinander fördern.

Am Ende bereite ich Sie darauf vor, wie Sie Ihren Anlass vorbereiten und ein Setting dafür entwickeln können.

In diesem Buch haben Sie genügend Platz, um Visualisierungen zu üben und eigene Bilder bzw. Piktogramme zu kreieren. Dazu benötigen Sie nur einen Bleistift oder einen Filzschreiber und schon kann es losgehen. Trauen Sie sich. Es geht nicht darum, schöne

Bilder zu malen. Visualisierungen, Piktogramme oder Business-Symbole dienen als Übersetzer vom Wort ins Bild. In Workshops, Meetings und Präsentationen geht es um Schnelligkeit und darum, Dinge direkt auf den Punkt zu bringen. Die Bilder müssen also nicht perfekt sein. Im Gegenteil, eine »verwackelte« Visualisierung ist viel interessanter als perfekte Bilder, die wir von PowerPoint & Co. ja schon zur Genüge kennen.

Einige Visualisierungen sind hier im Buch Schritt für Schritt erklärt, sodass Sie diese in Ruhe nachzeichnen können. Weitere können Sie als Lernvideo online abrufen. Welche das sind, ist mit einem Button neben den Abbildungen signalisiert.

Nun wünsche ich Ihnen viel Spaß beim Visualisieren und viele kreative und innovative Momente in Ihren Meetings, Workshops und Präsentationen.

Ihre Sabine Peipe

2 Warm-up

Als kleiner Appetitanreger ein paar Übungen vorneweg zum Warmwerden. Probieren Sie es einfach aus und machen Sie den ersten Strich. Sie können diese Elemente direkt darunter nachzeichnen. Wie aus Buchstaben Worte entstehen, so ist es auch in der Bildsprache. Verschiedene Elemente werden zu einem Bild zusammengesetzt.

Beispiel Gießkanne

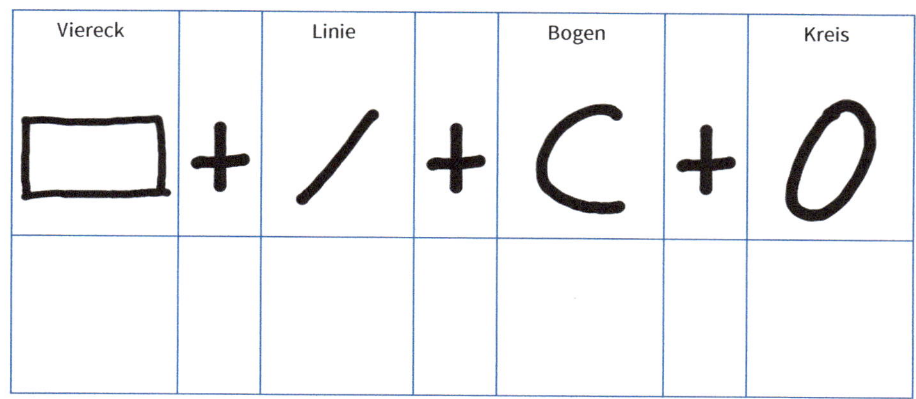

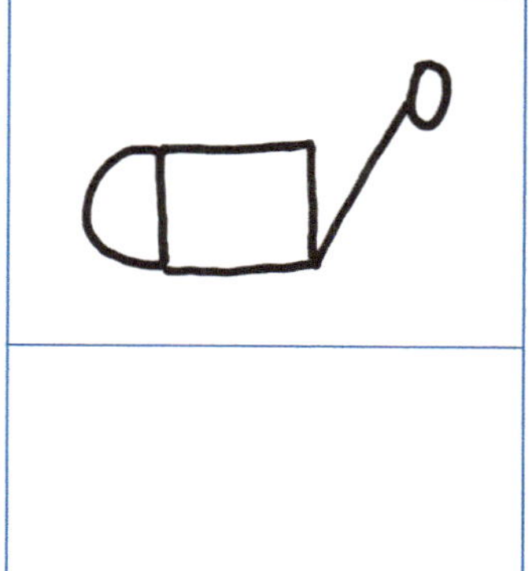

Beispiel Verkehrsschild

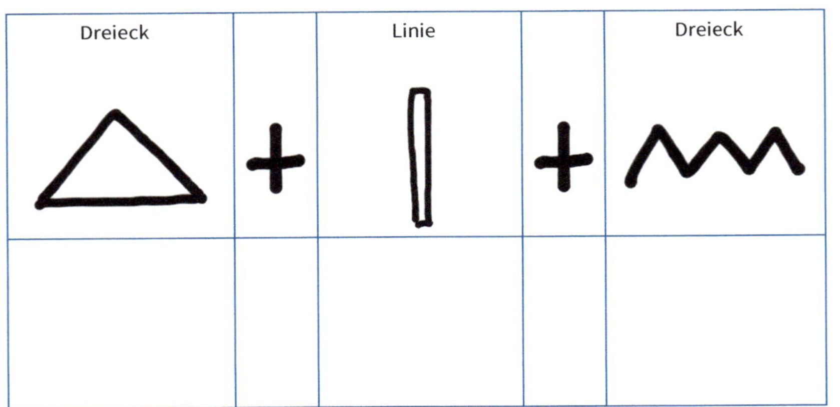

Beispiel Konflikt

Beispiel Luftballon

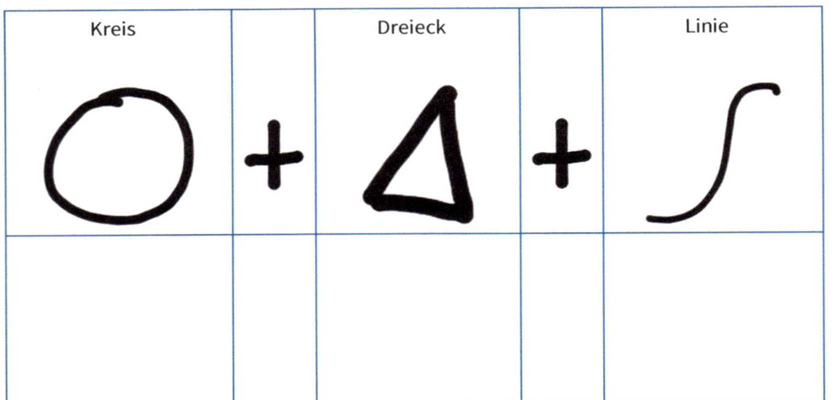

Beispiel Heißluftballon

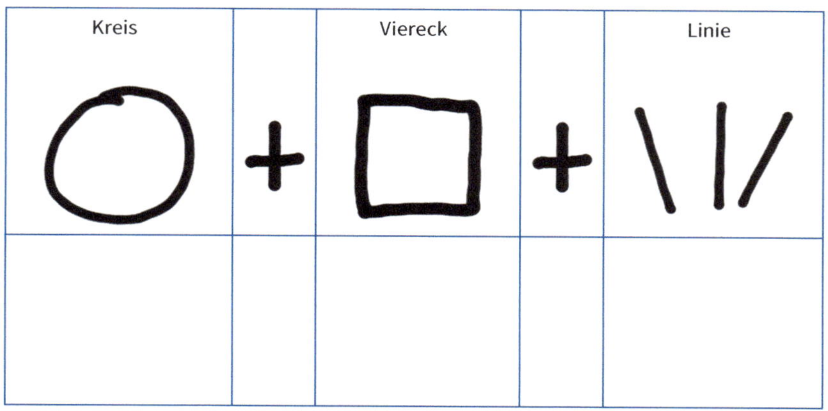

Beispiel Schlüssel

3 Visuelle Grundformen

3.1 Das visuelle Alphabet

Mit dieser kleinen Warm-up-Übung haben Sie die ersten visuellen Grundformen kennengelernt und visualisiert.

Das visuelle Alphabet beinhaltet u. a.:

- Linien,
- Punkte,
- Sterne,
- Spiralen,
- Dreiecke,
- Kreise und
- Vierecke.

Zusammengesetzt ergeben sich daraus – wie in der Warm-up-Übung – unterschiedliche Bildsymbole (Piktogramme).

Auf den folgenden Seiten sehen Sie Beispiele für die vier Grundformen Linien, Kreise, Drei- und Vierecke.

3.2 Grundform Linie

Mit Linien lassen sich

- Bewegungen, z. B. Wellenlinien,
- Richtungen, z. B. Wege oder
- Geschwindigkeiten, z. B. Bewegungs- oder Effektlinien (s. Kapitel 9)

darstellen.

Linien verbinden Orte, Gegenstände und Personen miteinander.
Linien gehen in die Weite. So kann beispielsweise der Horizont mit einer waagerechten Linie dargestellt werden.
Und Linien gehen in die Tiefe. Mehrere Linien miteinander verknüpft, ergeben eine Schlucht bzw. einen Abgrund.

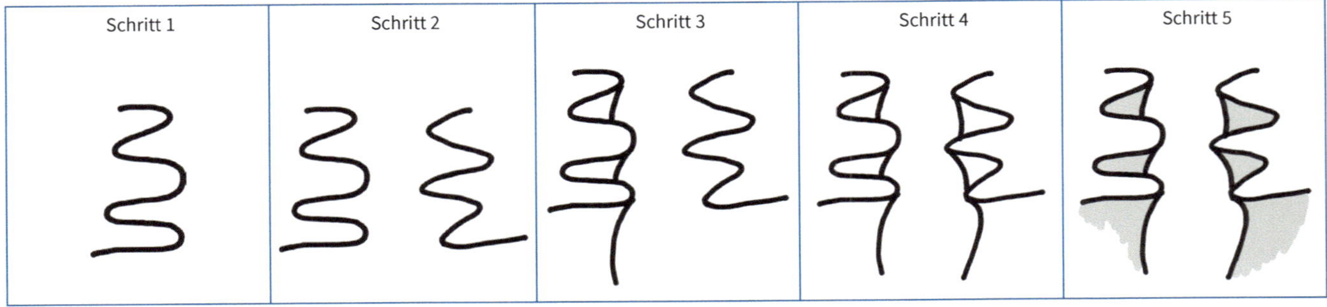

Viele weitere Gegenstände haben als Ursprung eine Linie, wie folgende Beispiele zeigen:

Beispiele

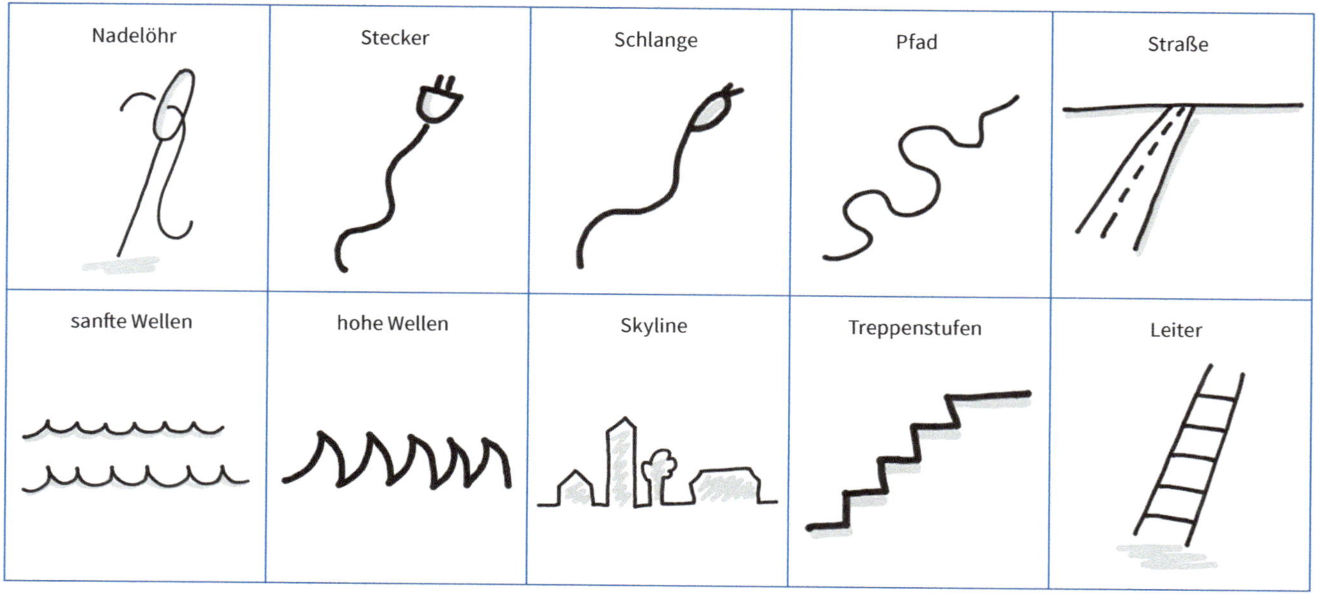

Nadelöhr	Stecker	Schlange	Pfad	Straße
sanfte Wellen	hohe Wellen	Skyline	Treppenstufen	Leiter

Platz für eigene Übungen, wie Schnur, Lasso …

3.3 Grundform Kreis

Der Kreis ist eine gleichmäßig runde, in sich geschlossene Linie. Der Kreis integriert und bindet das Zusammengehörende ein. Gleichzeitig grenzt der Kreis das, was nicht dazugehört, aus.

Im unteren Beispiel wird der Kreis in mehreren Schritten zu einem Zahnrad. Das Zahnrad steht als Symbol für *Prozesse, Antrieb, Beschleunigung.*

Beispiel Zahnrad: Prozess

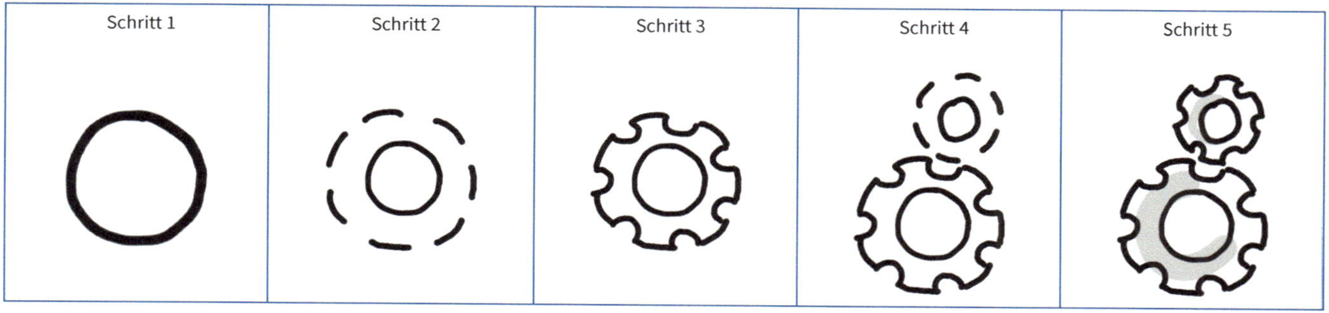

Schritt 1	Schritt 2	Schritt 3	Schritt 4	Schritt 5

Beispiel Glühbirne: Idee

Viele weitere Gegenstände lassen sich durch Kreise darstellen, wie folgende Beispiele zeigen:

Beispiele

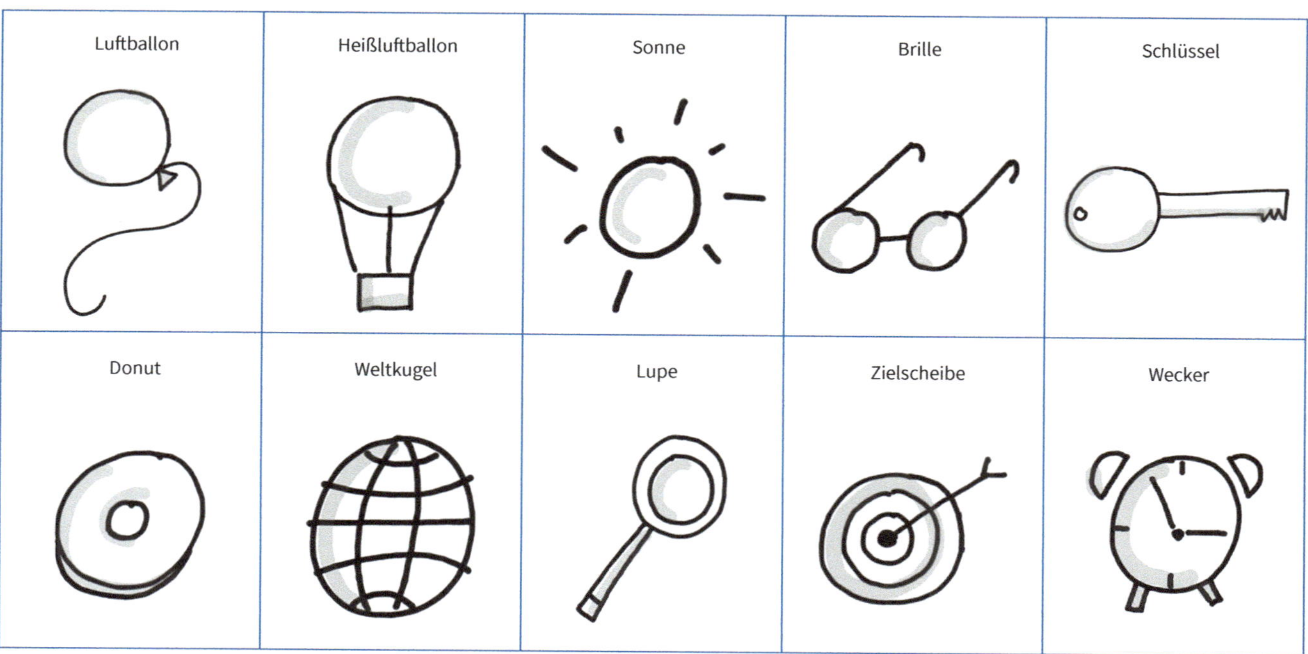
Luftballon
Heißluftballon
Sonne
Brille
Schlüssel
Donut
Weltkugel
Lupe
Zielscheibe
Wecker

Platz für eigene Übungen, wie Apfel, Pfirsich, Dart-Scheibe, Teller …

3.4 Grundform Dreieck

Ein Dreieck ist eine von drei Punkten und ihren Verbindungslinien gebildete geometrische Figur. Diese Form sieht man z. B. häufig bei Verkehrszeichen, Dächern oder Turmspitzen.

Dreiecke können Berge darstellen, Haifischflossen oder ein Segelboot und vieles mehr.

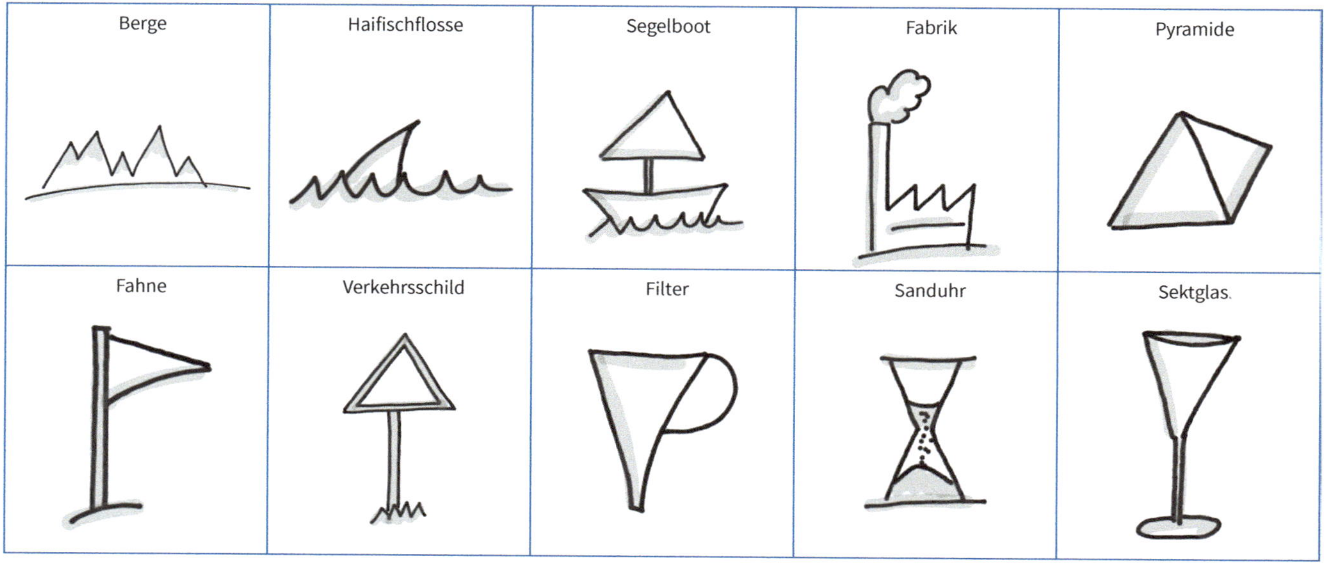

Berge	Haifischflosse	Segelboot	Fabrik	Pyramide
Fahne	Verkehrsschild	Filter	Sanduhr	Sektglas.

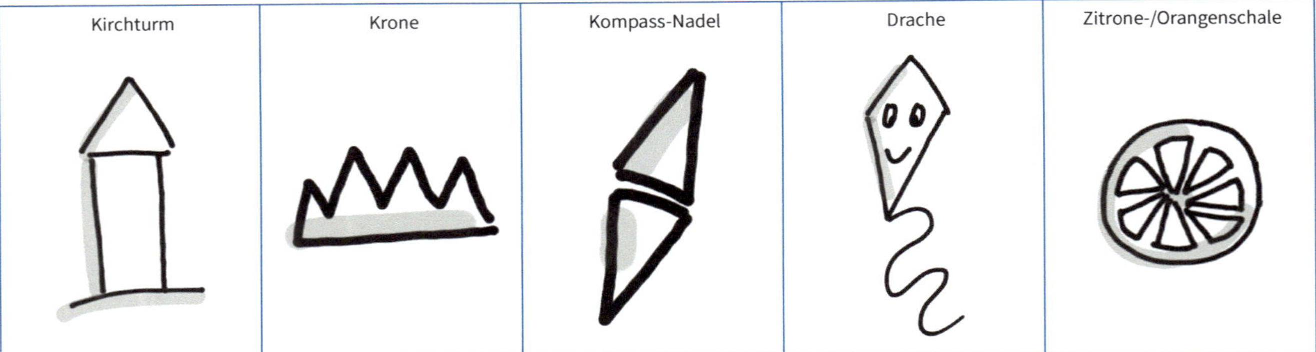
Kirchturm
Krone
Kompass-Nadel
Drache
Zitrone-/Orangenschale

Platz für eigene Übungen, wie Zipfelmütze, Toblerone, spitzer Schuh, Stern, Dach, Zelt …

3.5 Grundform Viereck

Mit dem Vier- oder Rechteck lassen sich ganz verschiedene Symbole visualisieren, wie die folgenden Beispiele zeigen:

Beispiele

Box 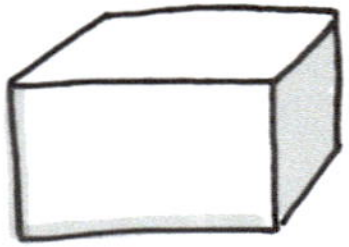	Bilderrahmen 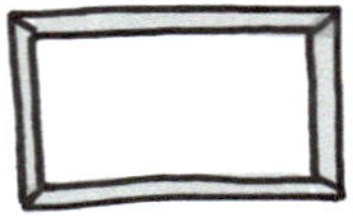	Briefumschlag 	Papierstapel 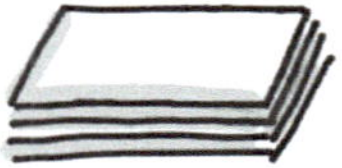	Mauer 
Laptop 	Schild 	Geschenk-Anhänger 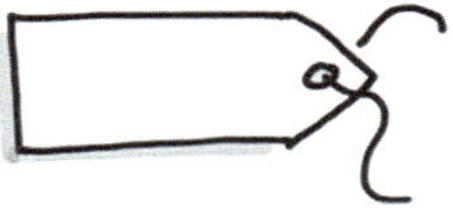	Geschenk 	Puzzle-Teil 

LKW
Gießkanne
FlipChart
Pinnwand
Banner
ZIEL

Platz für eigene Übungen, wie Schachbrett, Aktentasche, Fußballtor …

4 Pfeile und Prozesse

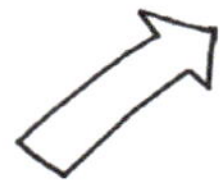

Pfeile oder Prozesse zeigen die Richtung an und geben Orientierung.

Mit Pfeilen kann der Weg zu einem Ort, einer Person oder einem Gegenstand dargestellt werden. Pfeile schaffen Verbindung und Abhängigkeiten.

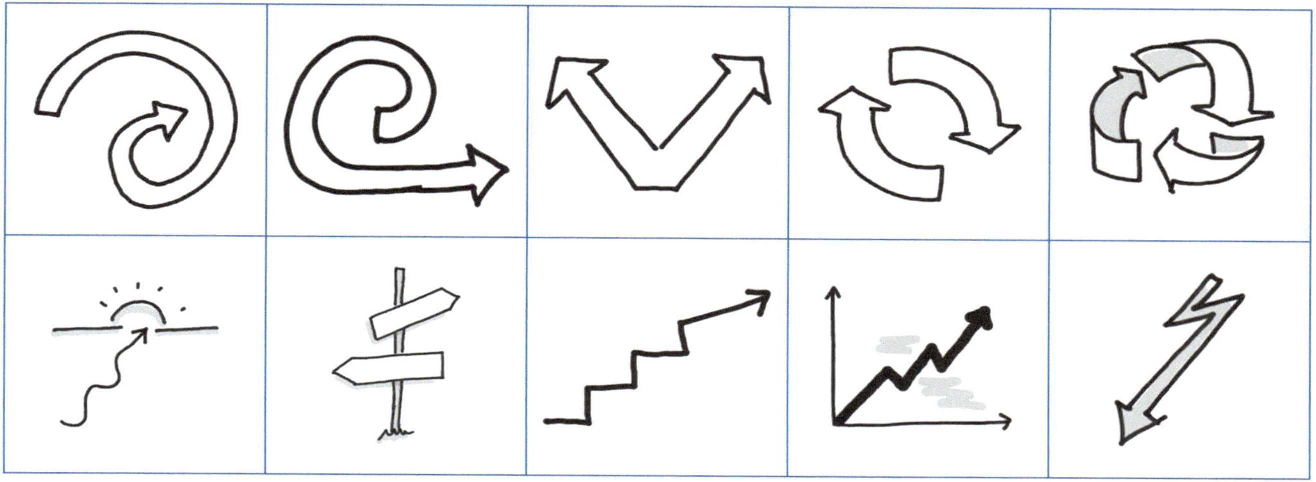

Prozesse zeigen bestimmte Reihenfolgen, Entwicklungen oder Vorgehensweisen auf und stellen dadurch Zusammenhänge dar.

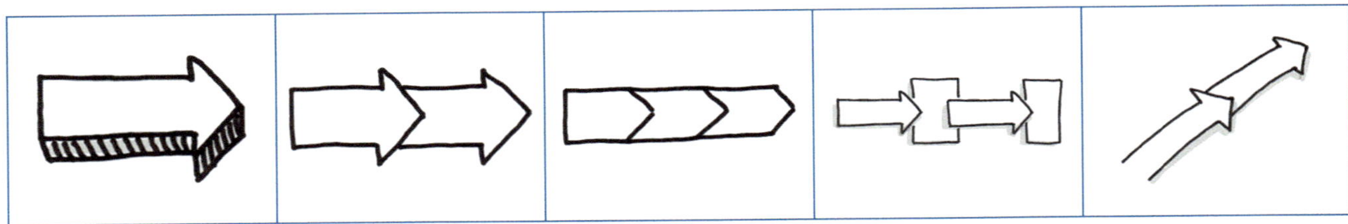

Platz für eigene Übungen …

5 Banner

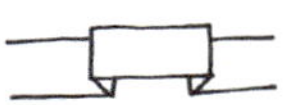

Banner, Fahnen oder Flaggen werden in der Visualisierung häufig für Überschriften oder bestimmte »Werbebotschaften« eingesetzt, um diese plakativ darzustellen.

Nachstehend sehen Sie die schrittweise Entwicklung eines Rechtecks bzw. einer Linie zu einem Banner.

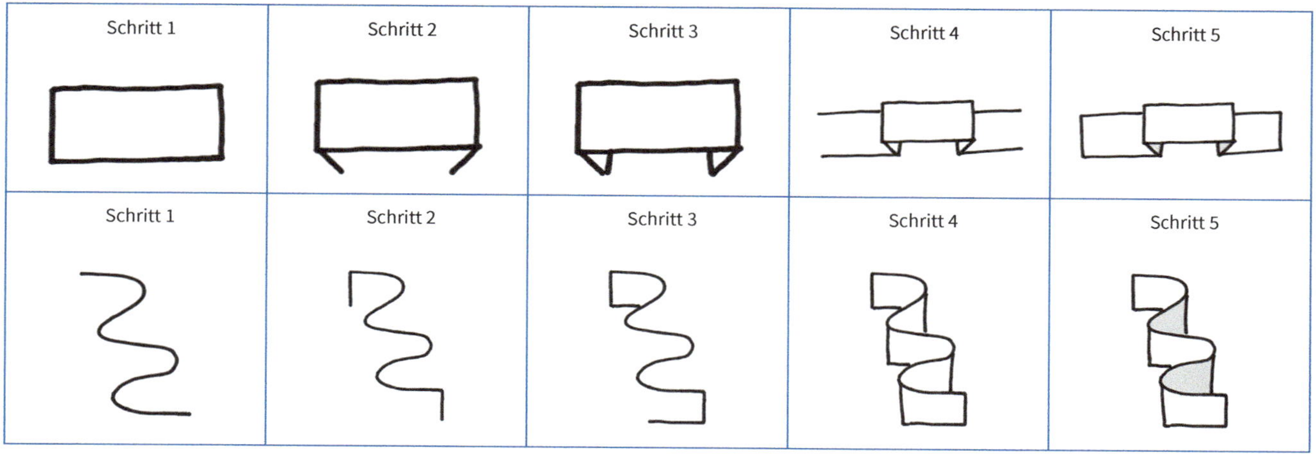

Schritt 1	Schritt 2	Schritt 3	Schritt 4	Schritt 5
Schritt 1	Schritt 2	Schritt 3	Schritt 4	Schritt 5

Beispiele

Banner mit Zacken
Einfaches Banner
Dreifachbanner
Fahne 1
Fahne 2
Flagge
Zieleinlauf
Schriftrolle

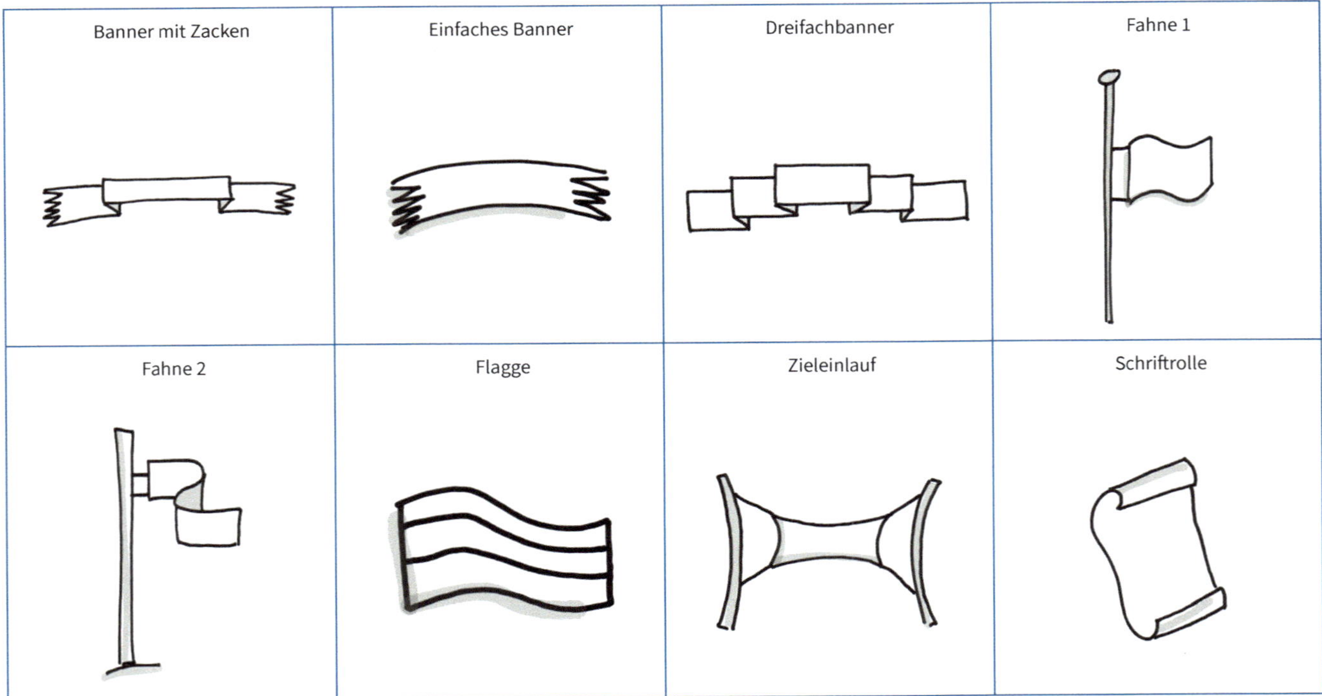

Platz für eigene Übungen …

6 Textcontainer

Textcontainer fassen wichtige Aussagen, Informationen, Entscheidungen oder Fragen zusammen.

Der Vielfalt an Textcontainern sind keine Grenzen gesetzt. Auch Gegenstände, wie Tassen, Glühbirnen usw., können als Textcontainer verwendet werden, wie Sie in den folgenden Beispielen sehen. Gerade Glühbirnen dienen bei der Visualisierung hervorragend zum Transport von Ideen.

Einige der hier dargestellen Symbole auch im Lernvideo

Platz für eigene Übungen ...

7 Gesichter

Gesichter zeigen Emotionen, wie Freude, Spaß, Trauer oder Frust und können unterschiedlich eingesetzt werden.

Nachfolgend sehen Sie verschiedene Kopfformen:

Einige der hier dargestellen Symbole auch im Lernvideo

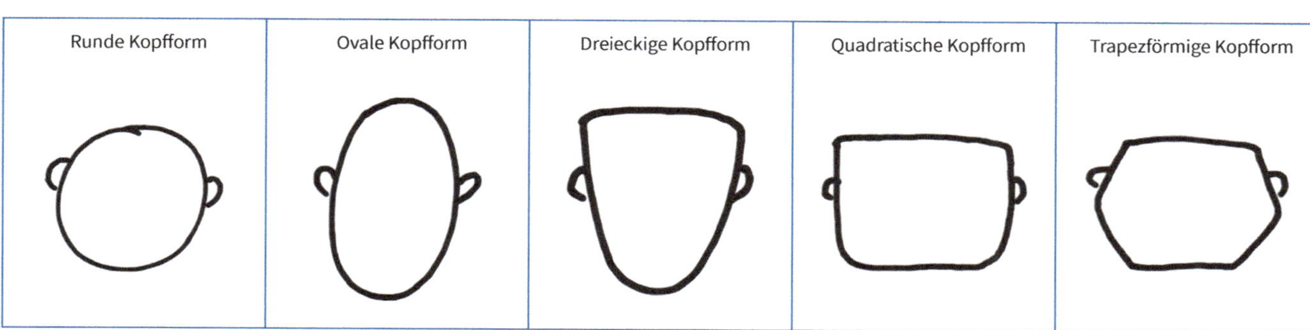

Eine Hilfslinie wird eingesetzt, um die Richtung von Nase und Mund zu bestimmen. Frisur, Augen, Nase und Mund vervollständigen das Gesicht.

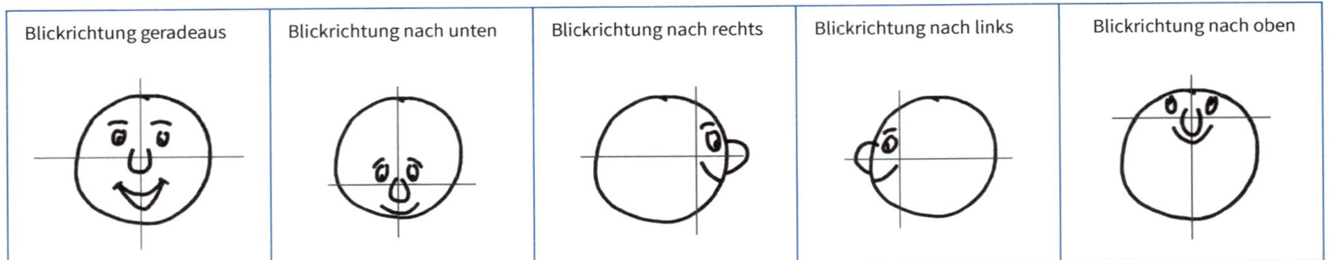

Beispiele verschiedener Frisuren

Beispiele verschiedener Augen

Beispiele verschiedener Nasen

Beispiele verschiedener Münder

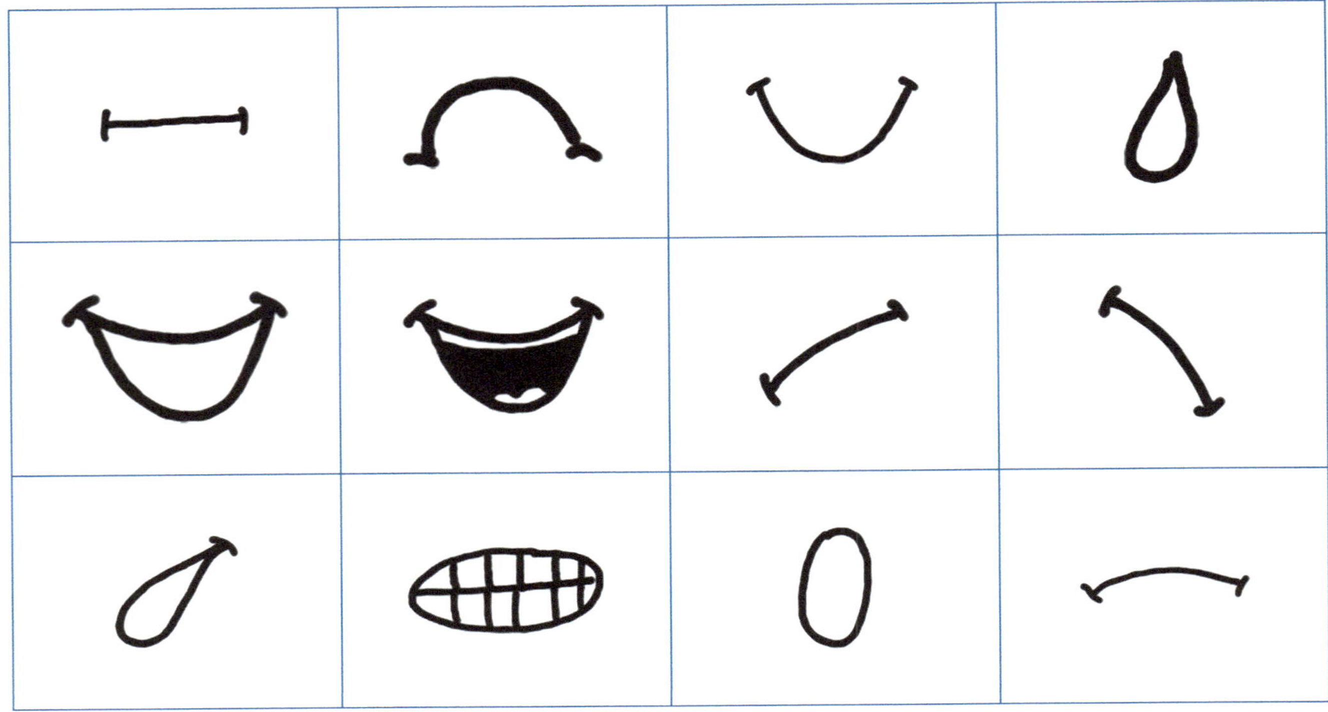

Platz für eigene Übungen: Vervollständigen Sie die Gesichter.

Platz für eigene Übungen, wie Gesicht, Frisuren, Augen, Nase, Mund …

8 Figuren

8.1 Kugelmännchen

Kugelmännchen sind einfach und schnell visualisiert. Ein nach unten gedrehtes »U« und ein kleines »o« als Kopf – fertig ist das Kugelmännchen. Mit entsprechenden Frisuren und Accessoires, wie Basecap, können Sie das Outfit der Kugelmännchen vervollständigen.

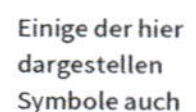

Einige der hier dargestellen Symbole auch im Lernvideo.

Platz für eigene Übungen …

8.2 Strichmännchen

Strichmännchen sind etwas schwieriger zu zeichnen als die Kugelmännchen.

Einige der hier dargestellen Symbole auch im Lernvideo

Mit etwas Übung gelingen diese Strichmännchen aber relativ schnell. Die untere Anleitung der Schrittfolge zeigt die Entwicklung eines Strichmännchens. Zuerst wird der Rumpf gezeichnet, dann der Kopf. Zusammen sehen Kopf und Rumpf wie ein dickes umgedrehtes Ausrufezeichen aus. Dann folgen die Arme und Beine (beide sind etwas länger als der Rumpf) und zum Schluss Hände und Füße.

M

Platz für eigene Übungen: Vervollständigen Sie die Strichmännchen mit Armen und Beinen.

8.3 Komplexere Figuren

Einige der hier dargestellen Symbole auch im Lernvideo

Die Grundlage dieser komplexeren Figuren bilden die Strichmännchen. Auch hier beschreibt die unten abgebildete Schrittfolge den Weg eines Strichmännchens zu einer komplexen Figur. An Arme und Beine wird jeweils parallel eine weitere Linie gezeichnet sowie der Hals (siehe rote Linien). Den Abschluss bilden Hände und Füße.

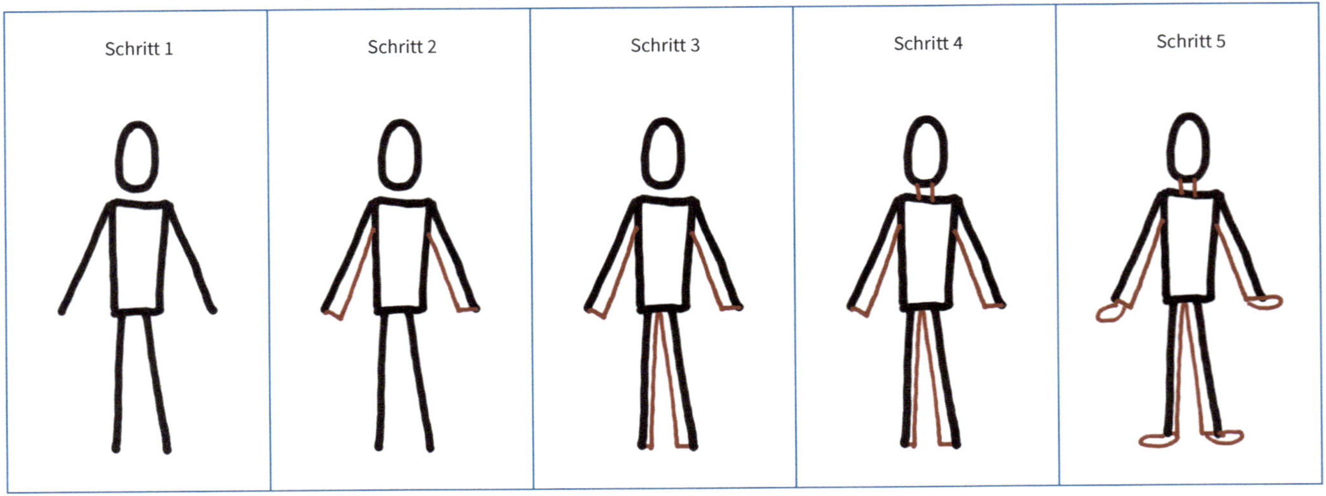

Schritt 1	Schritt 2	Schritt 3	Schritt 4	Schritt 5

Platz für eigene Übungen …

9 Bewegungslinien und Effekte

Bewegungs- und Effektlinien bringen Lebendigkeit und Bewegung in Ihre Visualisierungen. Figuren beginnen zu laufen, Objekte bewegen sich.

Die folgenden Beispiele zeigen Objekte mit und ohne Bewegungs- bzw. Effektlinien.

Apfel ...	... fällt	... schlägt auf

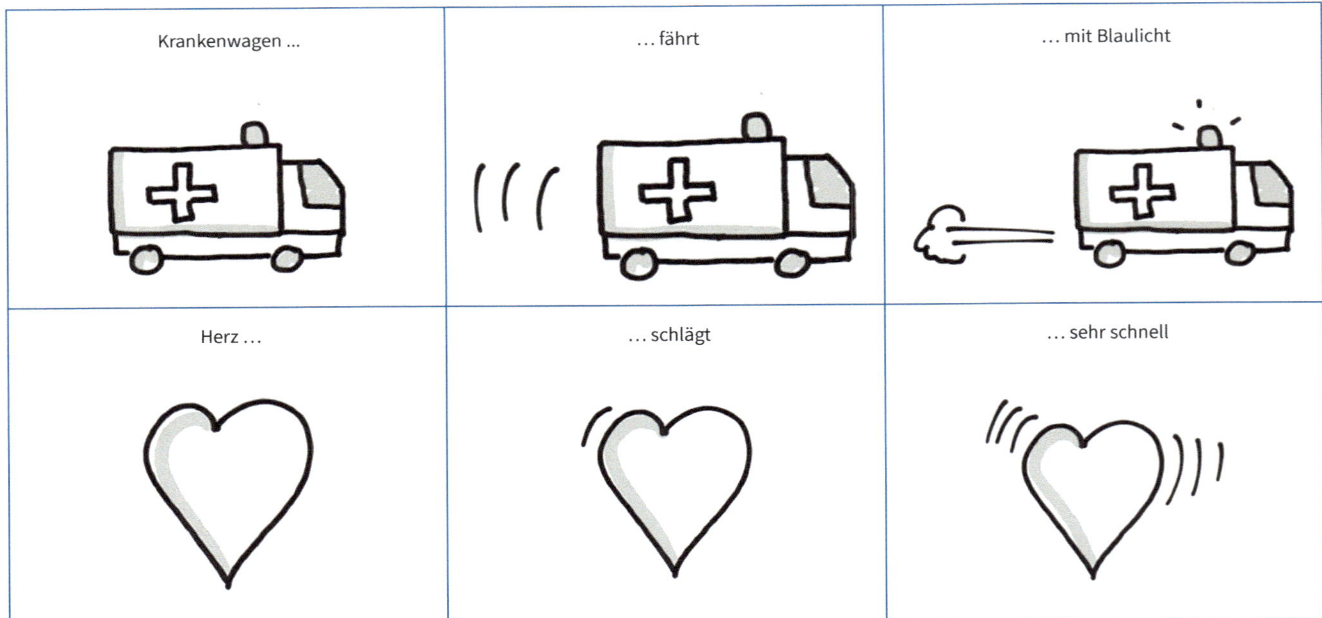
Krankenwagen ...
... fährt
... mit Blaulicht
Herz ...
... schlägt
... sehr schnell

Beispiele

Platz für eigene Übungen, wie fahrendes Auto, strahlende Sonne, schwebendes Blatt, klingelndes Telefon …

10 Führung, Team

Vorhaben, wie Projekte, komplexe Aufgabenstellungen etc., werden von Teams umgesetzt. Führungskräfte geben Orientierung und schaffen die Rahmenbedingungen, damit Teams arbeiten können. Teams tauschen sich untereinander aus, geraten in Konflikte, haben Spaß an der gemeinsamen Arbeit. All dies kann durch verschiedene Symbole ausgedrückt werden.

Kollegiale Beratung
Austausch
Ressourcenzuweisung
Gemeinsam ans Ziel
Freude
Gemeinsame Ideenfindung
Storytelling

Beispiele Teambildung

Beispiele Teamspirit

Beispiele »In einem Boot«

Beispiele Konflikt

Beispiele Widerstand, Frust

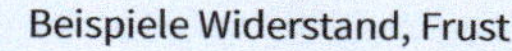

Beispiele Motivation, Herausforderung

Beispiele Start, Hürden überspringen

Beispiele Ziel erreichen, Erfolg

Platz für eigene Übungen …

11 Business-Symbole (Piktogramme)

11.1 Entwicklung, Prozesse, Veränderung

Unternehmen entwickeln sich weiter. Prozesse werden initiiert oder optimiert, Veränderungen durchgeführt. Für den Fortschritt, die Darstellung, das Sichtbarmachen können begleitend dazu diese Piktogramme eingesetzt werden. Der Weg zum Ziel kann eine gerade Straße sein oder ein verschlungener Pfad. Die Veränderung erfolgt Step-by-Step. Meilensteine als Zwischenziele auf dem Weg prüfen die Qualität und die erreichten Ergebnisse.

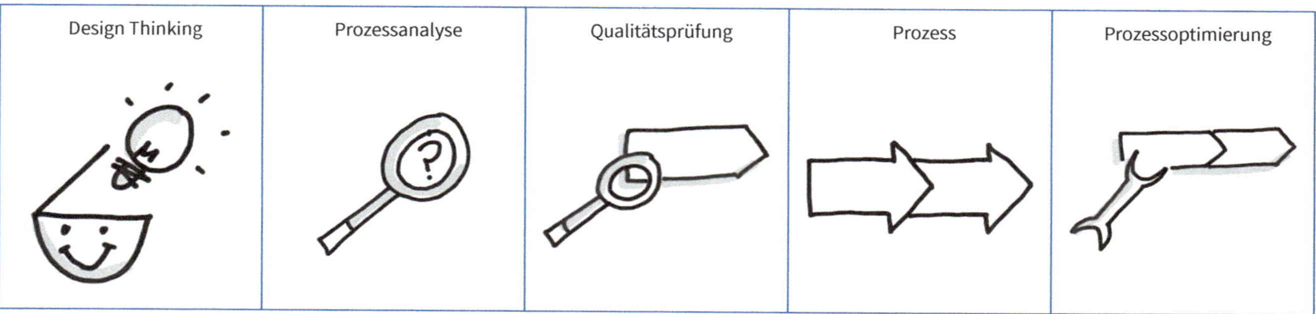

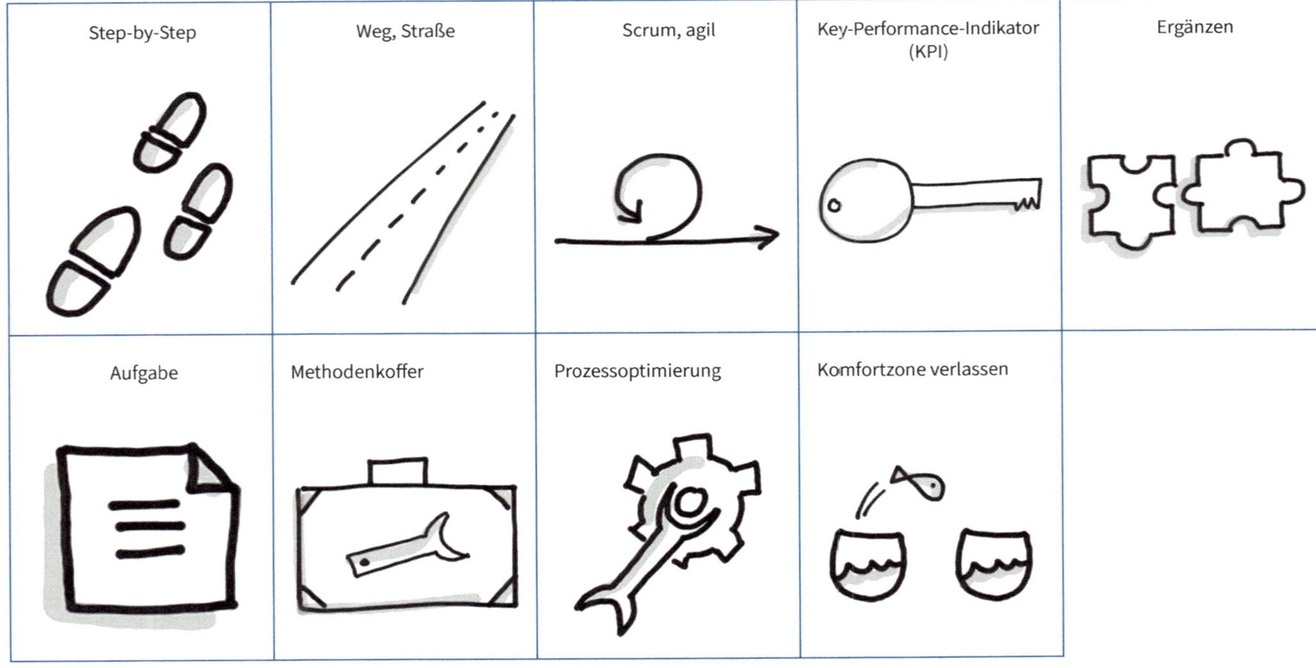
Step-by-Step
Weg, Straße
Scrum, agil
Key-Performance-Indikator (KPI)
Ergänzen
Aufgabe
Methodenkoffer
Prozessoptimierung
Komfortzone verlassen

Beispiele Idee		Beispiele Pfad	
		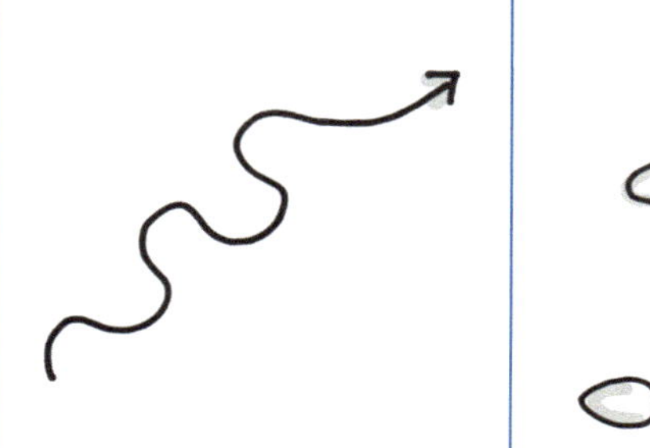	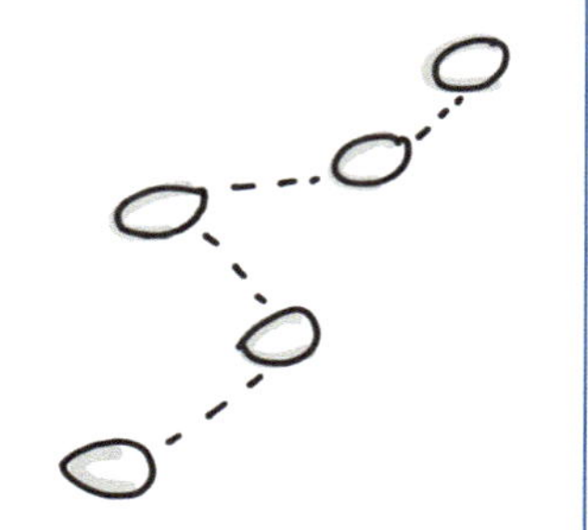

Beispiele Meilenstein-Symbole als Zwischenziele, zur Prüfung der Qualität			
	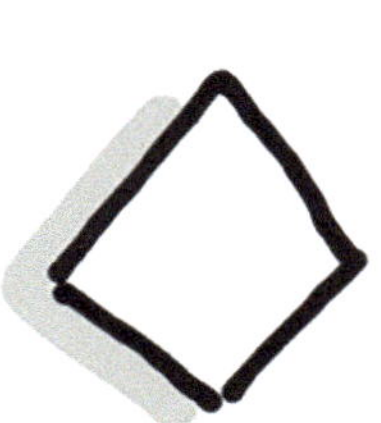		

Beispiele Deadline, Frist

Beispiele Methoden, Tools

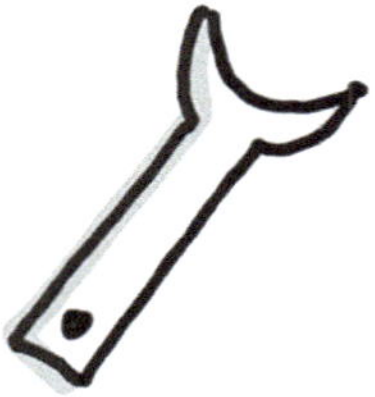

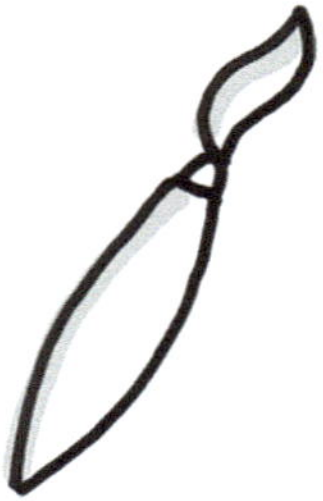

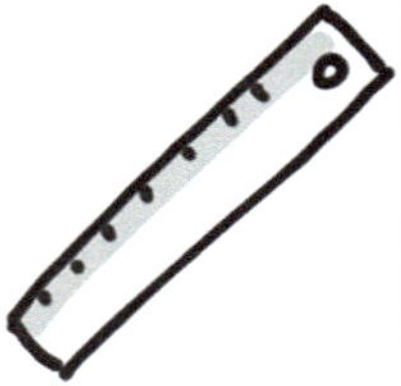

Beispiele Richtung, Orientierung

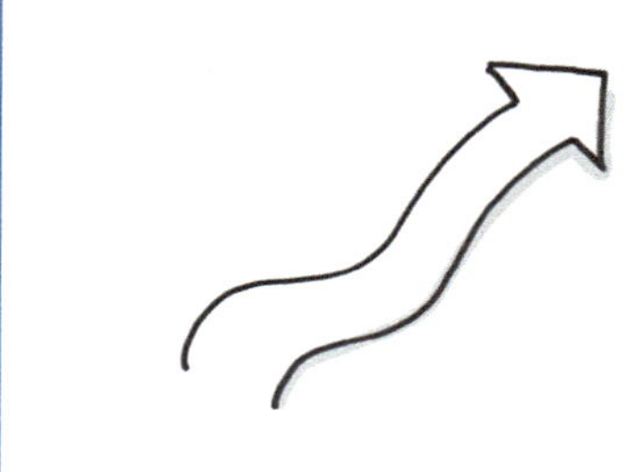

Beispiele Veränderung, Wandel

Platz für eigene Übungen …

11.2 Kommunikation, Information

Teamarbeit fordert Kommunikation und Information. Dabei werden Fragen gestellt und Antworten gegeben. Informationen werden dokumentiert, Feedbacks gegeben. In Diskussionen oder im Brainstorming werden Themen erörtert und Lösungen entwickelt. Folgende Visualisierungen können dabei helfen, dies zu unterstreichen.

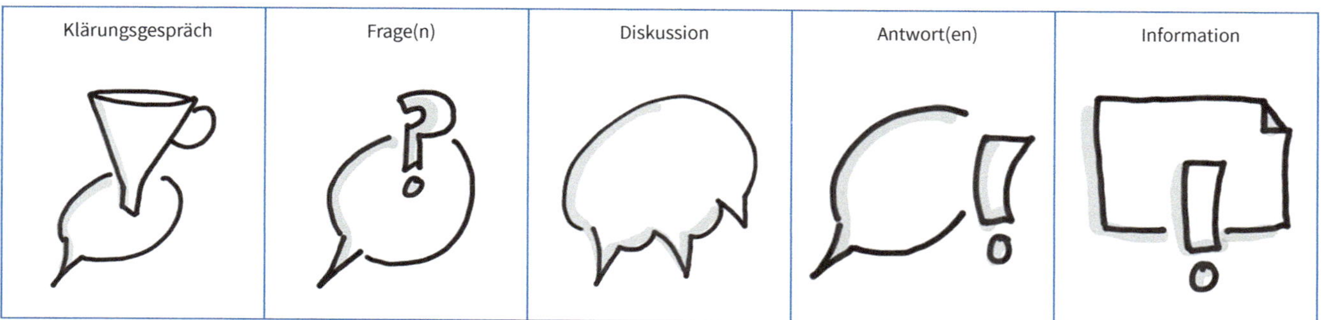

Brainstorming
Ideenfindung
Killerphrase
Kompromiss
Dissens
Konsens
News
News

Beispiele Feedback-Varianten

Beispiele E-Mail

Beispiele Protokoll

Beispiele Zusage

Beispiele Absage

Beispiele Bloggen

Beispiele Briefe, Informieren, Schriftverkehr

11.3 Infrastruktur, Organisation

Hier sehen Sie einige Piktogramme, die als Beispiele für Unternehmen und Organisationseinheiten stehen, wie:

- Firmengebäude,
- Mittelstand,
- Firma,
- Fabrik,
- Unternehmen.

Firmengebäude 	Mittelstand 	Firma 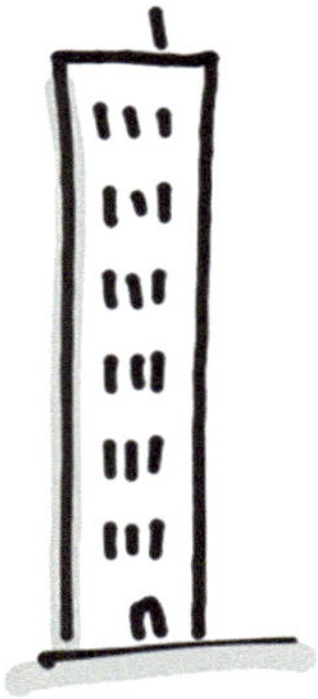	Fabrik 	Unternehmen 

Beispiele für Abteilungen, wie Qualitätssicherung, Forschung und Entwicklung oder Controlling etc.

Qualitätssicherung 	Forschung und Entwicklung (FuE) 	Controlling 	Marketing 	Personal, HR 
Produktion 	Verkauf 	Facility Management 	Einkauf 	IT 

Beispiele Piktogramme im Bereich Infrastruktur, wie Logistik, Verkehr, Schifffahrt, Luftverkehr etc.

Logistik 	Autoverkehr 	Schifffahrt 	Energieversorgung, Windkraft 	Brücken 
Luftverkehr 	Schienenverkehr 	Intranet 	Umwelt, Natur 	Kunde, Auftraggeber, Markt 

11.4 Weitere Fachbegriffe

Eine Auswahl unterschiedlicher Fachbegriffe wird hier visuell dargestellt. Mit visualisierten Fachbegriffen ersparen Sie sich langwierige oder umständliche Erklärungen und bringen Ihre Aussage sofort auf den Punkt. Beispielhaft seien hier Fachbegriffe genannt, die in jeder Organisation vorkommen können:

- Log-in/Log-out,
- WLAN,
- Digitale Transformation,
- Vernetzung,
- Industrie 4.0,
- Chancen und Risiken,
- Ausgaben oder Einsparungen,
- Ideen und Kreativität.

Apropos Kreativität: Ihrer sind keine Grenzen gesetzt.

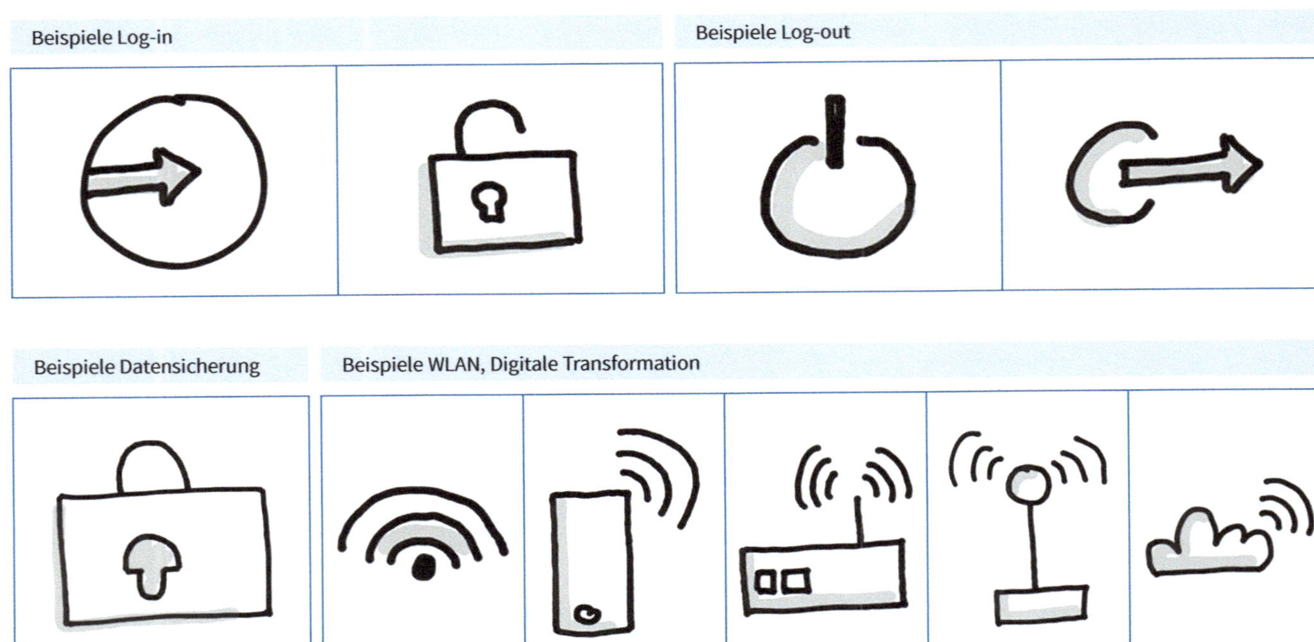
Beispiele Log-in
Beispiele Log-out
Beispiele Datensicherung
Beispiele WLAN, Digitale Transformation

Beispiele Robotik

Beispiele Internet, Global, Virtuell

Beispiele Vernetzung

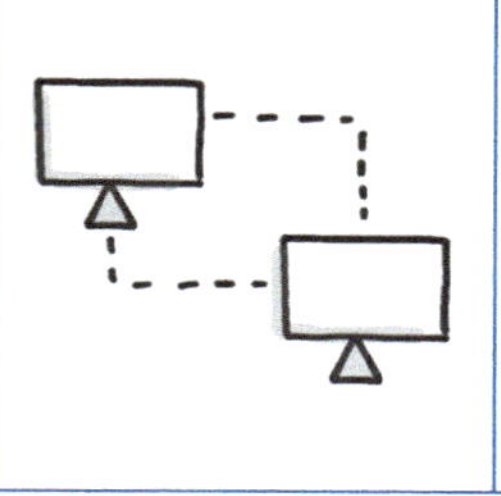

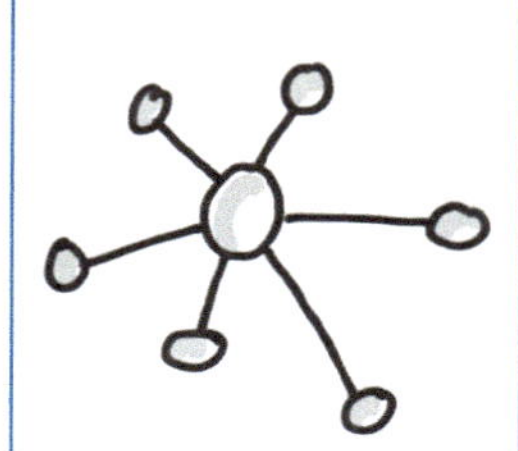

Beispiele Industrie 4.0

Beispiele Computer, IT

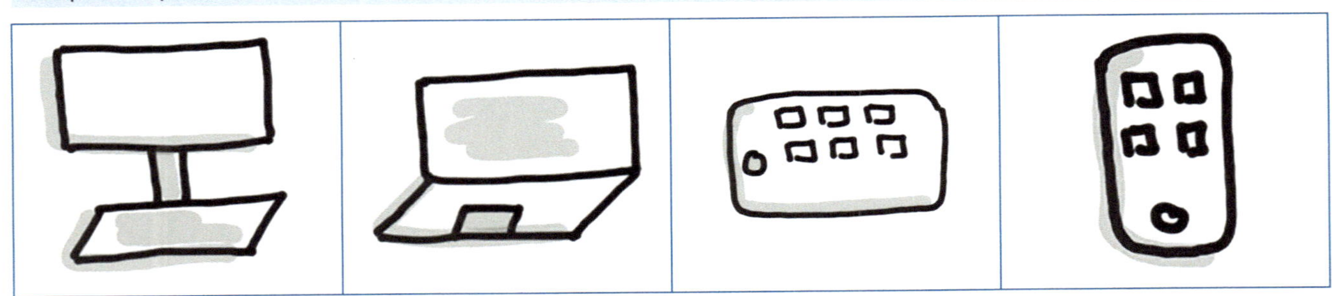

Beispiel synchron

Beispiele asynchron

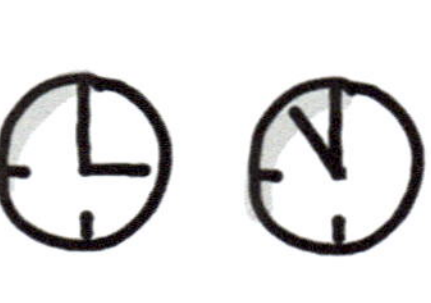

Beispiele Gefahr, Risiko, Erschwernis

Beispiele Chance, Glück

		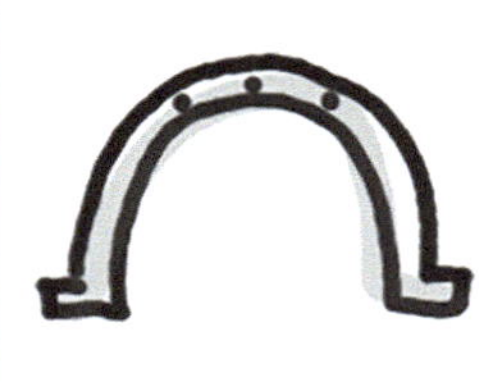		

Beispiele Schutz, Versicherung

Beispiele Ideen, Kreativität, Thinking

Beispiele neue Geschäftsmodelle

Beispiel Kunde, Auftraggeber

Beispiel Auftrag

Beispiele Ausgaben

Beispiele Einsparung

Beispiele für dringend

Beispiele Stopp, Halt

Beispiele In scope/not in scope, im Umfang enthalten, nicht enthalten, Ziele/Nichtziele

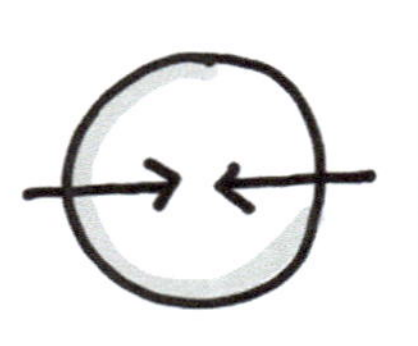

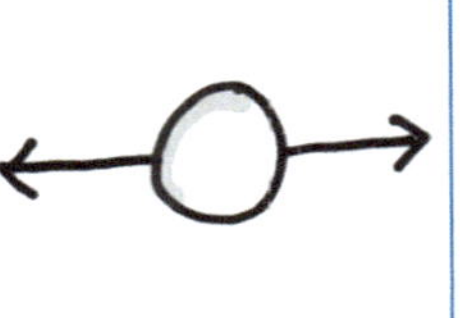

Beispiele Outsourcing

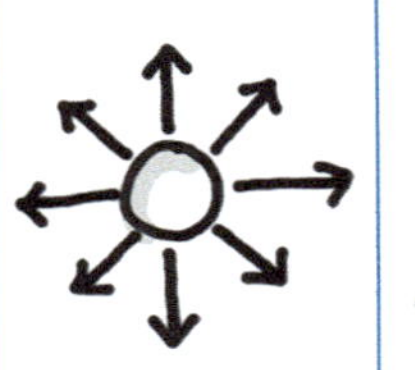

Beispiele Wissen, Skripte, Anweisungen

Beispiele Änderung, Anpassung

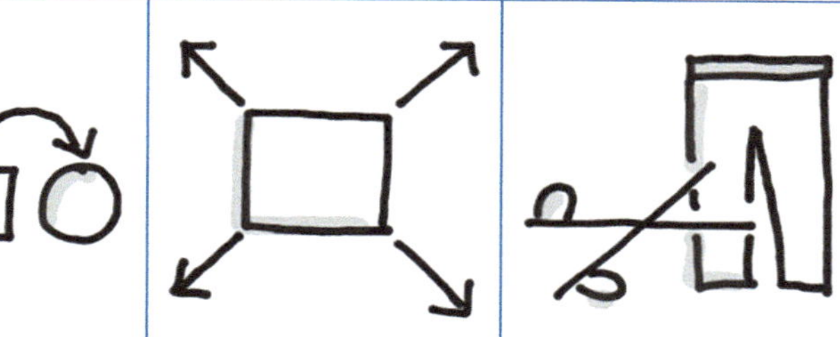

Beispiele Ergänzung, Priorisierung

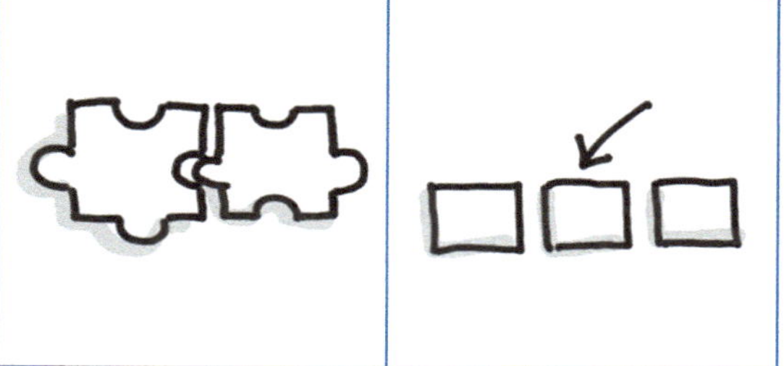

Beispiel Einkaufsprofil

Beispiel Profil, Funktion

Beispiel Strategie

Beispiel Analyse

Beispiele Trend, Prognosen

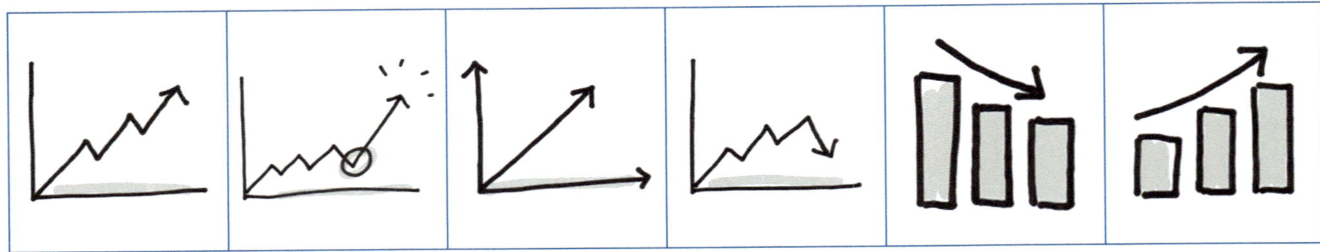

Beispiele Wirkung

Beispiele Aktenkoffer/Arzttasche, Praxiserfahrung

Beispiele Master, Zertifikat, Weiterbildung

Beispiele Wahl, Politik, Gesetz, Recht

Beispiele Umwelt, Naturschutz

Beispiele Mindset

Beispiel Rollen

Beispiele Kapazität, Umfang

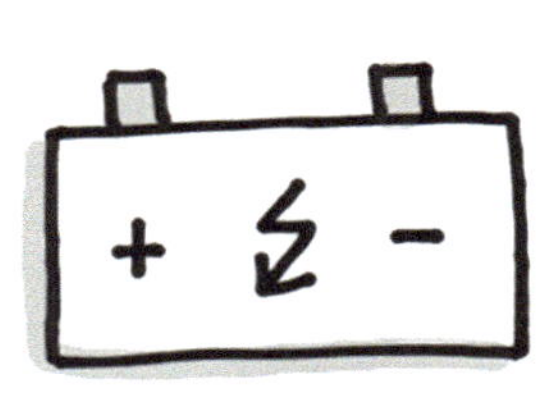

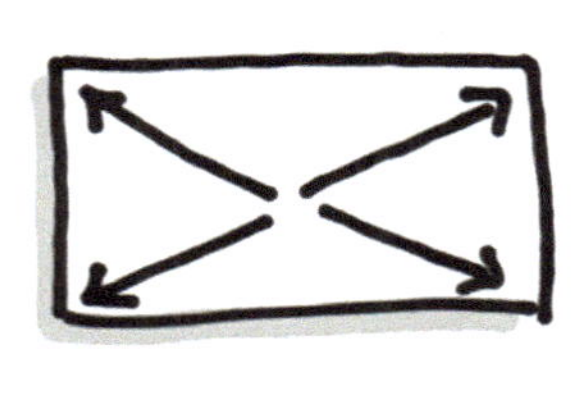

Beispiele Heimat, Ort, Adresse, Standort

Beispiele Nutzen

Beispiele Ereignis, Feier, Event

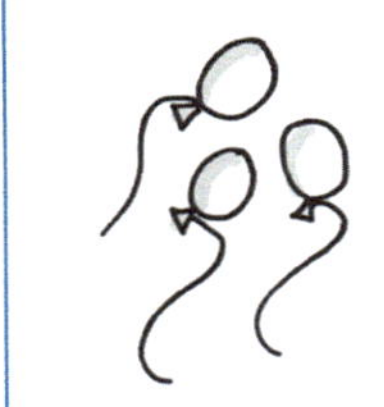

Beispiele Reifegrad

Beispiel Objekt

Beispiel Klarheit, Transparenz

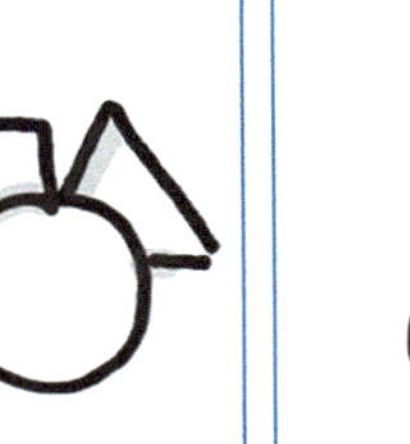

Beispiel Klein- oder Großprojekt

Platz für eigene Übungen: Visualisieren Sie Fachbegriffe, die in Ihrer Organisation vorkommen.

11.5 Piktogramme geben Struktur

Präsentationen, Workshops und Meetings erhalten mit diesen Piktogrammen einen Rahmen und geben so Struktur. Sie sehen hier Beispiele

- für eine Begrüßung,
- für Pausenzeiten
- für Teamregeln,
- für eine Agenda,
- für Erwartungen und Zielsetzung,
- für Gruppenarbeit, Kommunikation usw.

Selbstverständlich können auch alle anderen Piktogramme (siehe vorige Kapitel) eingesetzt werden. Wie gesagt: Der Kreativität sind keine Grenzen gesetzt.

Beispiele Begrüßung, Eröffnung

Beispiele Kaffeepause, Mittagspause, Auszeiten, Abschluss

Beispiele Teamregeln, Meeting-Regeln

Beispiele Agenda, Zeitplan, Tagesordnungspunkt

Beispiele Zielsetzung, Workshop-Zutaten

Beispiele Team- und Gruppenarbeit

Beispiele Feedback, Kommunikation, Information

Beispiele Protokoll

Weitere Beispiele

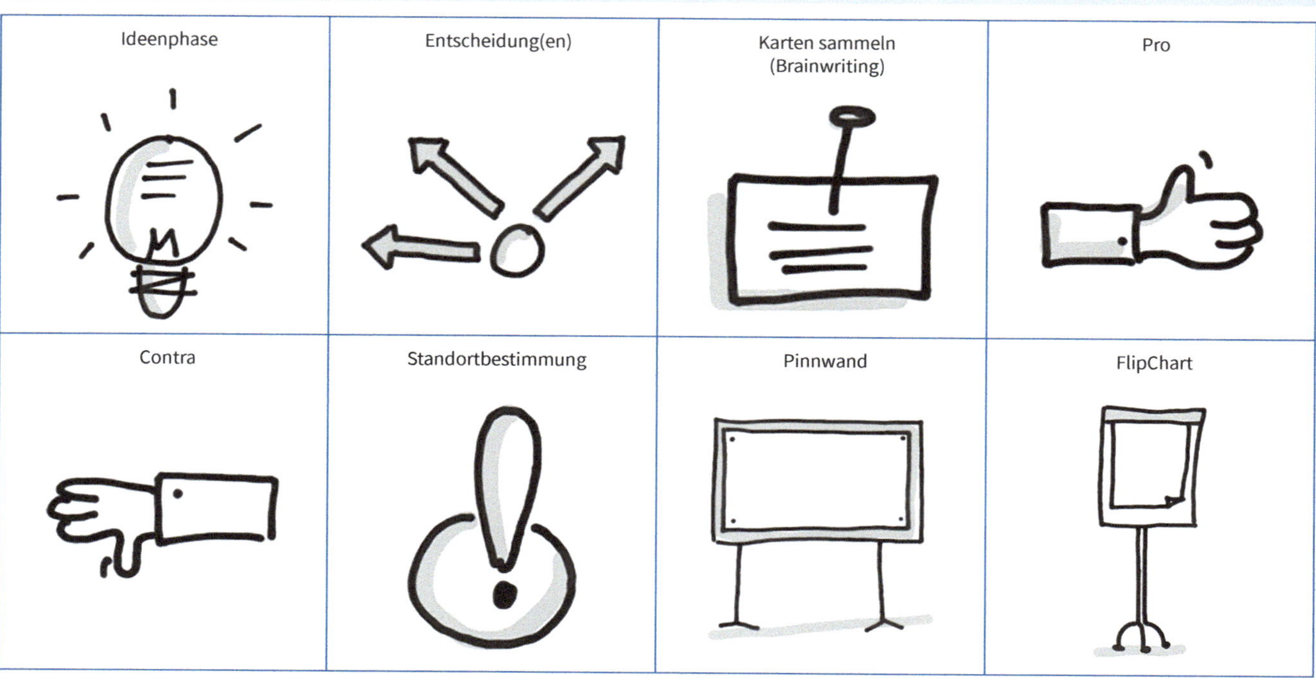

Platz für eigene Übungen …

12 Materialien und Anwendung

12.1 Stifte

Für den Einsatz auf FlipChart und Pinnwand gibt es eine Vielzahl unterschiedlicher Stifte und Marker.

Zum Zeichnen von Konturen und zum Schreiben brauchen Sie einen schwarzen Permanent-Marker. Dieser verwischt nicht, wenn Sie z. B. die Flächen mit Farben ausmalen möchten.

12.2 Papier

Visualisierungen auf reinem FlipChart-Papier wirken am besten. Nutzen Sie FlipChart-Papier, das Karos oder Fadenkreuze nur dezent andeutet. Stehen diese nicht zur Verfügung, drehen Sie einfach karierte Seiten um und visualisieren Sie auf der Rückseite. Die Karos lassen sich so noch erkennen.

12.3 Empfehlung für Grundausstattung

Für Ihre Grundausstattung benötigen Sie einen Permanent-Marker, zwei bis drei Farbmarker und einen Marker für Schattierungen. Bei der Farbenwahl können Sie sich z. B. an den Logo-Farben Ihres Unternehmens orientieren.

12.4 Zusätzliche Materialien

Mit Kärtchen, Post-it oder statisch haftenden Notizzetteln werden Visualisierungen ergänzt, z. B. bei der Erwartungs- und Zielabfrage, im Rahmen des Brainstormings, -writings und in diversen Gruppenarbeiten.

12.5 Colorieren

Zum Colorieren und Akzentuieren von Flächen arbeite ich ebenfalls gerne mit den Permanent-Markern. Für größere Flächen bieten sich zudem Pastellkreiden und/oder Wachsmalblöcke oder -stifte an.

12.6 Schattieren

Zum Schattieren können graue Marker oder auch Marker mit hellen Farben (z. B. gelb, orange, hellgrün etc.) eingesetzt werden. Schattierungen geben den Visualisierungen Tiefe und Raum und lassen sie »lebendig« wirken.

12.7 Visualisierungsübungen

Bevor Sie mit dem FlipChart oder der Pinnwand arbeiten, entwickeln Sie Ihre Entwürfe am besten auf einem DIN-A4-Block. Nutzen Sie dafür Bleistifte oder wasserfeste Filzstifte. Diese haben unterschiedliche Stärken und können somit für verschiedene Konturen, Schriften usw. eingesetzt werden.

Platz für eigene Übungen …

13 Schrift

Großbuchstaben benötigen zwei Zeilen. Bei der Aufteilung von Text und Visualisierungen muss dies berücksichtigt werden, da sie Platz benötigen.

Bei Markern mit Keilspitze können Sie entweder die breite Fläche nutzen, so wird die Schrift »fetter« (siehe nebenstehende Abbildung) …

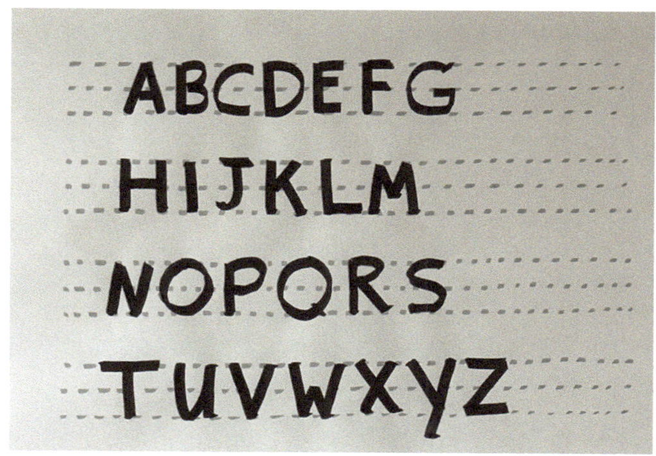

… oder Sie setzen die schmale Seite der Keilspitze ein, wie unten in der Abbildung dargestellt. Der Text wirkt so »schlanker«.

Auch kann die Schrift schattiert werden, wie im folgenden Beispiel gezeigt. Zeichnen Sie z. B. links vom Buchstaben mit einer anderen Farbe noch mal nach. Dadurch erreicht der Text mehr Tiefe.

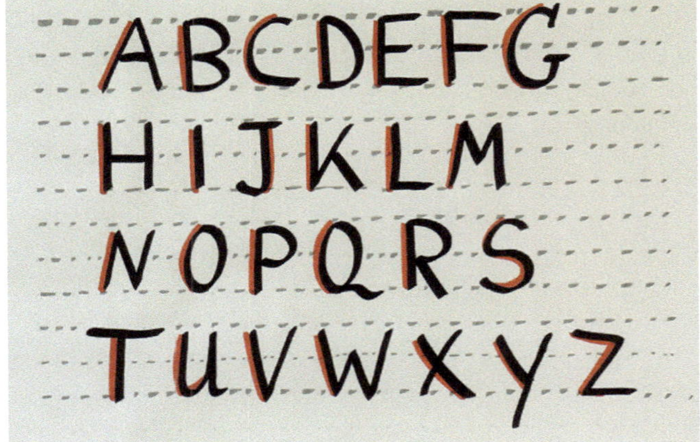

Kleinbuchstaben benötigen ca. eine Zeile. Auch hier können Sie die Schrift fetter oder schmaler darstellen.

Schriften können ganz individuell gestaltet und mit Visualisierungen zusätzlich verstärkt werden.

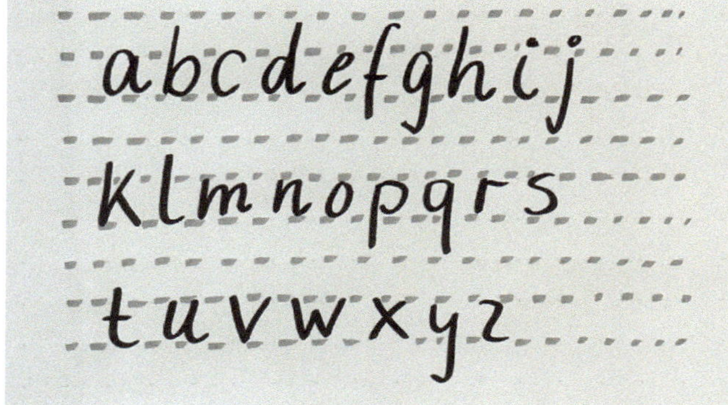

Beispiel

Das Wort Kunde bekommt zur Verstärkung eine Krone (»der Kunde ist König«), die Idee erhält über dem »I« eine Glühbirne.

Platz für eigene Übungen …

14 Präsentationen

14.1 Warum Präsentationen?

Präsentationen sind wesentliche Bestandteile im Arbeitsleben. Wichtige Informationen werden aufbereitet und der Zielgruppe vorgestellt.

Beispiele

Die Budgetplanung für das nächste Jahr soll dem Management präsentiert werden.
Den potenziellen Kunden möchte man durch eine professionelle Produktvorstellung zum Kauf animieren.

Präsentationen stellen also etwas vor oder dar: unternehmens- oder abteilungsbezogene Informationen, Planungen und/oder Waren auf eine bestimmte Zielgruppe zugeschnitten.

Ziel einer Präsentation ist es, Transparenz und Verständlichkeit herzustellen, die Dinge auf den Punkt zu bringen, in dem z. B. die Komplexität reduziert wird, um Partizipation zu ermöglichen.

Im Rahmen von Präsentationen eignen sich Visualisierungen, um z. B. bestimmte Punkte klar darzustellen. Handgezeichnete Visualisierungen heben sich wohltuend vom täglichen PowerPoint-Allerlei ab. Sie erreichen damit mehr Aufmerksamkeit und Interesse beim Publikum. Die folgenden Beispiele sollen Ihnen Impulse geben für Ihre eigenen Präsentationen:

- Unser Weg der Veränderung (Kapitel 14.2.1)
- Projekt-Roadmap (Kapitel 14.2.2)
- Status (Kapitel 14.2.3)
- Neue Geschäftsmodelle (Kapitel 14.2.4)
- Unsere Zielgruppe (Kapitel 14.2.5)
- Geschäftsbericht 2018 (Kapitel 14.2.6)
- Planung 2019 (Kapitel 14.2.7)
- Prozessoptimierung (Kapitel 14.2.8)

14.2 Beispiele

14.2.1 Unser Weg der Veränderung

In einem Veränderungsprozess durchläuft man beispielsweise drei Phasen:

- Unfreezing
  Auftauen, auf die Veränderung einstimmen
- Moving
  Bewegen, die Veränderung(en) umsetzen sowie
- Freezing
  Einfrieren, die Ergebnisse der Veränderung(en) etablieren.

In einer Retrospektive kann dieser Weg der Veränderung mit seinen wesentlichen Erkenntnissen noch mal nachgezeichnet und gemeinsam reflektiert werden.

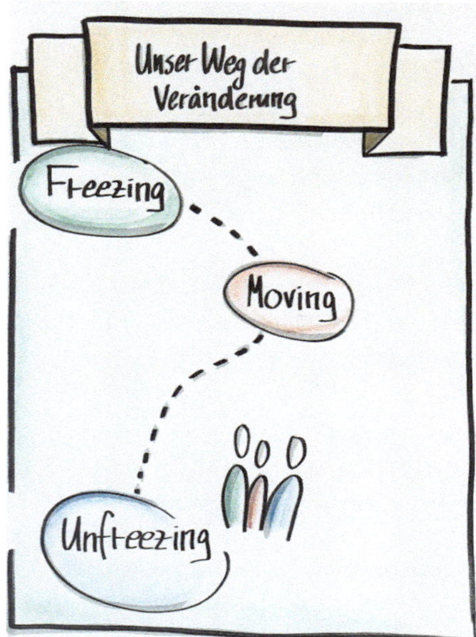

Tipp für Material:

- Konturenmarker schwarz
- grauer Marker für Schattierung
- Wachsmalstifte zum Colorieren

14.2.2 Projekt-Roadmap

Der Projektstart ist ein wichtiger Meilenstein im Projekt. Die Projektbeteiligten werden über die weiteren Schritte und den Ablauf des Projekts informiert.

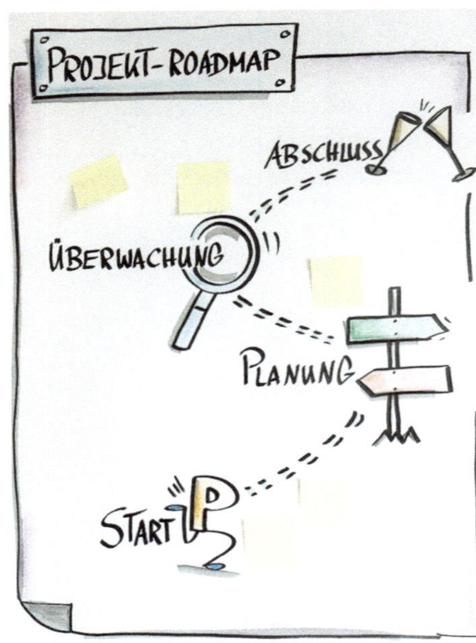

Das Projekt ist in vier Phasen aufgeteilt:

- Startphase
- Planungsphase
- Überwachung
- Abschlussphase.

Mit Kärtchen oder Post-it kann der Präsentator die wichtigen Elemente an die jeweiligen Phasen anbringen und die Zielgruppe animieren, sich daran zu beteiligen.

Tipp für Material:

- Konturenmarker schwarz
- grauer Marker für Schattierung
- Wachsmalstifte oder -blöcke zum Colorieren
- Kärtchen oder Post-it

14.2.3 Status

Projekte, Vorhaben, Aufgabenstellungen: Der Status sollte immer mal wieder seiner Zielgruppe präsentiert werden. Mit einer FlipChart-Visualisierung bringen Sie die wichtigsten Ergebnisse auf den Punkt. Die Visualisierung ist übersichtlich und nicht textlastig. Während Ihrer Präsentation können Sie zu den jeweiligen Rubriken

- Ziele
- Risiken
- Termin
- Next Steps

Ihre entsprechenden Ergänzungen vornehmen und erläutern. Dadurch wirkt Ihre Präsentation lebhaft und interessant.

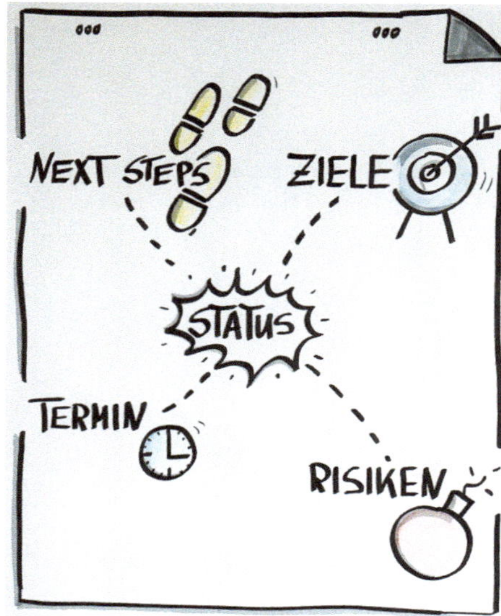

Tipp für Material:

- Konturenmarker schwarz
- grauer Marker für Schattierung
- Wachsmalstifte oder -blöcke zum Colorieren
- Kärtchen oder Post-it

14.2.4 Neue Geschäftsmodelle

Neue Produkte, Geschäftsmodelle oder Waren werden hier vorgestellt.

Tipp für Material:

- Konturenmarker schwarz
- grauer Marker für Schattierung
- Wachsmalstifte oder -blöcke zum Colorieren

14.2.5 Unsere Zielgruppe

Die Zielgruppe »Mittelstand« wird durch die farbliche Akzentuierung und die Bewegungseffekte (Strahlen) herausgestellt. Dadurch erreichen Sie eine Fokussierung auf die Zielgruppe.

Die Pfeile unterteilen die Zielgruppe wiederum in drei Untergruppen (Human Resources [HR], Forschung & Entwicklung [FuE] und Produktion [PROD]). Pfeile zeigen die Richtung an und schaffen Verbindung.

Tipp für Material:

- Konturenmarker schwarz
- grauer Marker für Schattierung
- Wachsmalstifte oder -blöcke zum Colorieren

14.2.6 Geschäftsbericht 2018

Warum nicht mal einen Geschäftsbericht auf einer Pinnwand oder auf einem Flip-Chart visualisieren? Auch hier wird auf die wichtigsten Parameter fokussiert und mit visuellen Elementen unterstützt.

Eine Visualisierung kann ruhig auch »nüchterner« ausfallen, d.h., in diesem Beispiel wurde auf Farbe verzichtet.

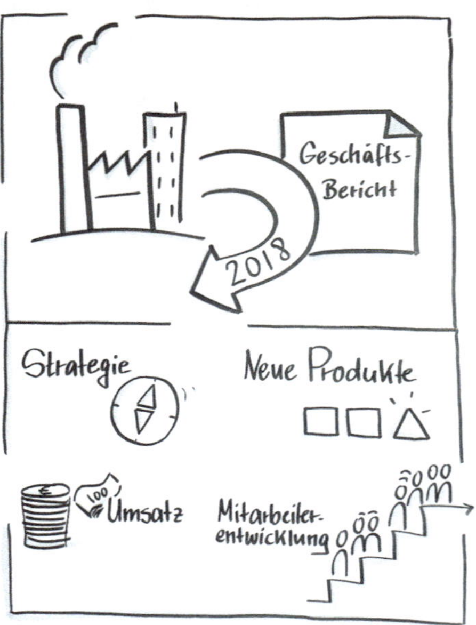

Tipp für Material:

- Konturenmarker schwarz
- grauer Marker für Schattierung

14.2.7 Planung 2019

Eine visualisierte Agenda für die Präsentation »Planung 2019« kann ergänzend zu einer PowerPoint-Präsentation eingesetzt werden. Die Zuhörer haben so immer die Agenda vor Augen, während Sie präsentieren.

In diesem Beispiel wurde nur der Hintergrund mit Farbe unterlegt. Alles andere wurde mit schwarzem Konturenmarker visualisiert.

Tipp für Material:

- Konturenmarker schwarz
- grauer Marker für Schattierung
- Wachsmalstifte oder -blöcke zum Colorieren

14.2.8 Prozessoptimierung

Optimierungen von Prozessen oder Teilprozessen sind häufig Thema in Unternehmen. In diesem Beispiel wird sehr plakativ durch das Symbol »Lupe« visualisiert, welcher Prozess optimiert bzw. unter die Lupe genommen werden soll: der Logistik-Prozess.

Während der Präsentation pinnt der Präsentator die einzelnen Probleme in die Rubrik IST und Verbesserungsvorschläge in die Rubrik SOLL.

Tipp für Material:

- Konturenmarker schwarz
- grauer Marker für Schattierung
- Wachsmalstifte oder -blöcke zum Colorieren

15 Workshop

15.1 Warum Workshops?

Workshops sind Kurse, Veranstaltungen o. Ä., in denen ganz bestimmte Themen von den Teilnehmern selbst erarbeitet werden. In den Workshops werden Lösungen, Verbesserungsvorschläge, Ergebnisse für bestimmte Probleme gemeinsam entwickelt und anschließend im Unternehmen, den Abteilungen usw. implementiert. Das bedeutet, die Ergebnisse wirken über die Workshops hinaus.

Voraussetzungen sind:

- Die Teilnehmer sind gut vorbereitet.
- Sie arbeiten kooperativ an einem gemeinsamen Ziel.
- Der Workshop wird angemessen moderiert.
- Die Ergebnisse werden für die weitere Bearbeitung festgehalten (z. B. Fotoprotokoll).

Die folgenden Beispiele sollen Ihnen Impulse zur Gestaltung Ihrer Workshops geben:

- Teamentwicklung (Kapitel 15.2.1)
- Ursache-Wirkungs-Analyse (Kapitel 15.2.2)
- Wie fördern wir Innovation? (Kapitel 15.2.3)
- Erfolgreiche Teamarbeit? (Kapitel 15.2.4)
- Design-Thinking-Prozess (Kapitel 15.2.5)
- Kundenbedürfnisse und neue Produkte (Kapitel 15.2.6)
- Problemlösungsprozess (Kapitel 15.2.7)
- Zielfindungsprozess (Kapitel 15.2.8)
- Diskussion Pro und Contra (Kapitel 15.2.9)

15.2 Beispiele

15.2.1 Teamentwicklung

Es kann immer mal wieder passieren, dass während eines Projektes oder einer Aufgabenstellung die Team-Motivation sinkt. Um die Ursachen herauszufinden, soll in einem Workshop über die Entwicklung des Teams diskutiert und Ursachen für die Demotivation ermittelt werden.

Die Erkenntnisse werden auf Kärtchen oder Post-it dokumentiert und am Flip-Chart oder der Pinnwand fixiert.

Tipp für Material:

- Konturenmarker schwarz
- grauer Marker für Schattierung
- Wachsmalstifte oder -blöcke zum Colorieren
- Grün = positiv
- Blau = neutral
- Rot = negativ

15.2.2 Ursache-Wirkungs-Analyse

»Problem erkannt, Gefahr gebannt!« Die Ishikawa-Methode nach dem Ursachen-Wirkungs-Prinzip (auch Fischgrätendiagramm) unterstützt beim Identifizieren von Problemursachen und bei deren Lösung.

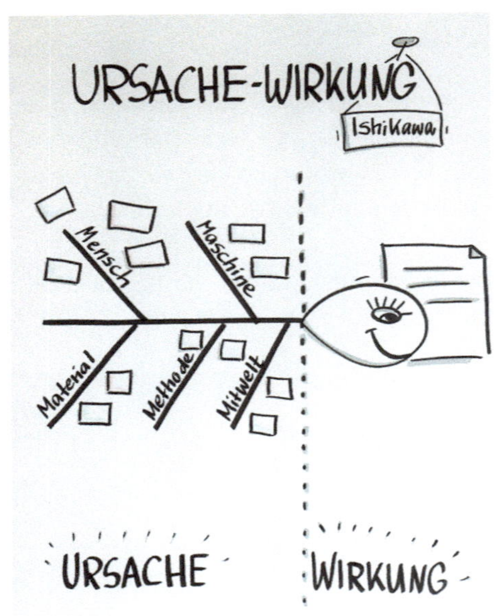

Die Wirkung, z. B. Terminverzug, wird am Fischkopf notiert. Das Team diskutiert die möglichen Ursachen und ordnet diese den »Fischgräten« *Mensch, Maschine, Material, Methode* und *Mitwelt* zu. Anschließend wird die wahrscheinlichste Ursache eingeschätzt und bewertet.

Die Visualisierung »Fisch« unterstützt anschaulich den Prozess und bringt die wichtigsten Parameter auf den Punkt.

Tipp für Material:

- Konturenmarker schwarz
- grauer Marker für Schattierung

15.2.3 Wie fördern wir Innovation?

Hierbei handelt es sich um eine klassische Brainstorming- oder Brainwriting-Methode, die durch eine Visualisierung unterstützt wird.

Die Symbole *Pflanze*, *Gießkanne*, *Wasser*, *Erde* als Analogie zur Natur sollen den kreativen Prozess unterstützen.

Die Ideen werden mit Kärtchen an die Pinnwand angebracht.

Tipp für Material:

- Konturenmarker schwarz
- grauer Marker für Schattierung
- Wachsmalstifte oder -blöcke zum Colorieren

15.2.4 Erfolgreiche Teamarbeit?

Der Ballon als Symbol:

- »Was zieht uns hoch?«
- »Was zieht uns runter?«

Dies dient als spielerisches Element, um die Themen wie Motivation, Demotivation, Hindernisse, Ängste, Freude usw. anzusprechen.

Mit Post-it und Kärtchen werden die Erkenntnisse gesammelt und an der Pinnwand fixiert.

Tipp für Material:

- Konturenmarker schwarz
- grauer Marker für Schattierung
- Wachsmalstifte und
- Farbmarker zum Colorieren

15.2.5 Design-Thinking-Prozess

Gerade zu Beginn von Design-Thinking-Prozessen ist es sinnvoll, den Teilnehmern diesen Prozess zu erläutern und aufzuzeigen, welche Ergebnisse pro Teilprozess entstehen.

Diese Darstellung ist eine gute Orientierungshilfe für den Arbeitsprozess.

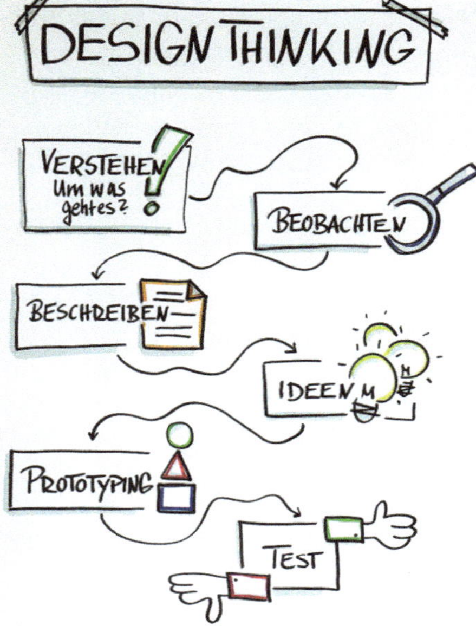

Tipp für Material:

- Konturenmarker schwarz
- grauer Marker für Schattierung
- Farbmarker zum Colorieren

15.2.6 Kundenbedürfnisse und neue Produkte

Die Kunden und ihre Bedürfnisse stehen im Fokus.

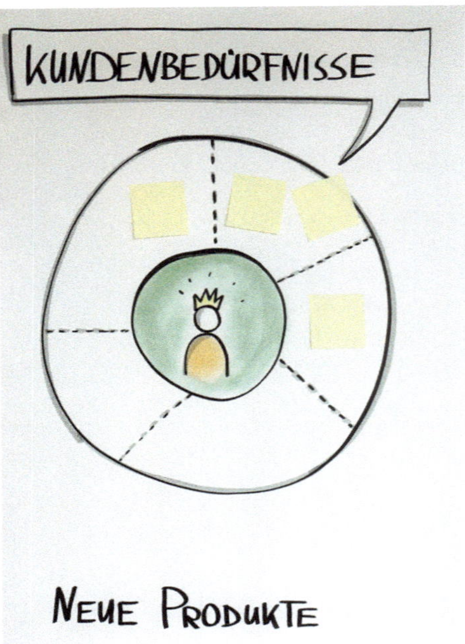

Der Kunde als König wird zentral dargestellt. Die Hauptbedürfnisse werden darum »herumgeclustert«. Mit der Methode Brainstorming entstehen Ideen für neue Produkte oder Business-Modelle.

Tipp für Material:

- Konturenmarker schwarz
- grauer Marker für Schattierung
- Pastellkreiden zum Colorieren

Tipp

Pastellkreiden mit leichtem Druck auftragen und anschließend mit einem Papiertaschentuch oder Kleenex verreiben.

15.2.7 Problemlösungsprozess

Während des Arbeitsprozesses, im Rahmen von Projekten oder in der Zusammenarbeit mit Kunden können Probleme entstehen, die es zu lösen gilt.

Durch die Visualisierung wird das Problem in die Mitte gesetzt als »Fragezeichen«. Um dieses herum werden die Prozessschritte der Problemlösung notiert.

Diese Darstellung dient zur Orientierung bei der Problemlösung und stellt sicher, dass kein Teilprozess ausgelassen wird.

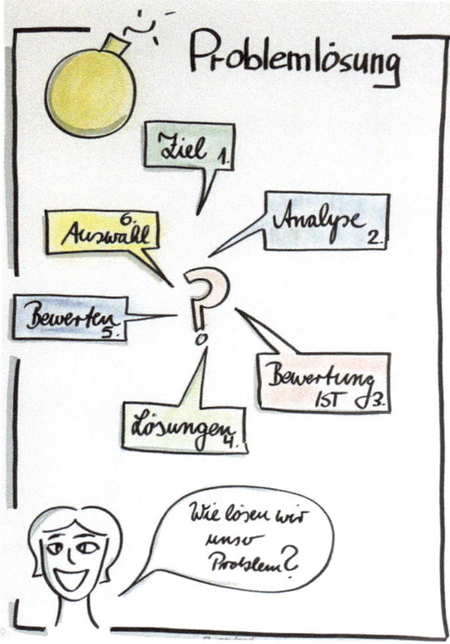

Tipp für Material:

- Konturenmarker schwarz
- grauer Marker für Schattierung
- Pastellkreiden zum Colorieren

15.2.8 Zielfindungsprozess

Der Berggipfel als Ziel, den es zu erreichen gilt: ein schönes Symbol, das die kreative Zielfindung unterstützen kann.

Der Weg zum Gipfel wird als Pfad dargestellt und die einzelnen Prozessschritte der Zielfindung werden als Text und als Symbol visualisiert.

Tipp für Material:

- Konturenmarker schwarz
- grauer Marker für Schattierung

Tipp

Das FlipChart oder die Pinnwand wird vorbereitet und während des Workshops werden die bearbeiteten Teilprozesse »eingefärbt«. So lässt sich gut erkennen, welche Prozesse schon abgearbeitet wurden.

15.2.9 Diskussion Pro und Contra

Eine Diskussion zu bestimmten Themen wird hier initiiert. Die Pro-Argumente werden auf Kärtchen oder Post-it notiert und unter das Symbol *Daumen hoch* angebracht. Ebenso wird mit den Contra-Argumenten verfahren, die unter das Symbol *Daumen runter* angebracht werden.

Die Pro- und Contra-Argumente sind anschließend übersichtlich dargestellt und werden zur weiteren Bearbeitung herangezogen.

Tipp für Material:

- Konturenmarker schwarz
- grauer Marker für Schattierung

Platz für eigene Übungen …

16 Meeting

16.1 Warum Meetings?

Meetings sind Treffen, Besprechungen, Konferenzen, Tagungen, Kongresse usw., in denen sich Teilnehmer aus einem bestimmten Arbeitsgebiet treffen, um sich über bestimmte Sachverhalte, Probleme, Meinungen oder Planungen auszutauschen. Die Meetings dienen also dem Austausch von Informationen, dem Lösen von Problemen oder der Vorbereitung von Entscheidungen, die durch bestimmte Gremien zu treffen sind.

Die folgenden Beispiele sollen Ihnen Impulse zur Gestaltung Ihrer Meetings geben:

- Konfliktgespräch (Kapitel 16.2.1)
- Entscheidungsvorbereitung (Kapitel 16.2.2)
- Informations-/Meinungsaustausch (Kapitel 16.2.3)
- Problemvorstellung/-diskussion (Kapitel 16.2.4)
- Lessons Learned (Kapitel 16.2.5)
- Projektstatus (Kapitel 16.2.6)
- Meilenstein-Review (Kapitel 16.2.7)
- Ideen 2019 (Kapitel 16.2.8)

16.2 Beispiele

16.2.1 Konfliktgespräch

Konflikte lassen sich durch bestimmte Symptome erkennen.

Der Konflikt wird hier als »Bombe« visualisiert. Mit Brainstorming werden mögliche Symptome identifiziert und auf das FlipChart übertragen, um anschließend gemeinsam Lösungen für den Konflikt zu erarbeiten.

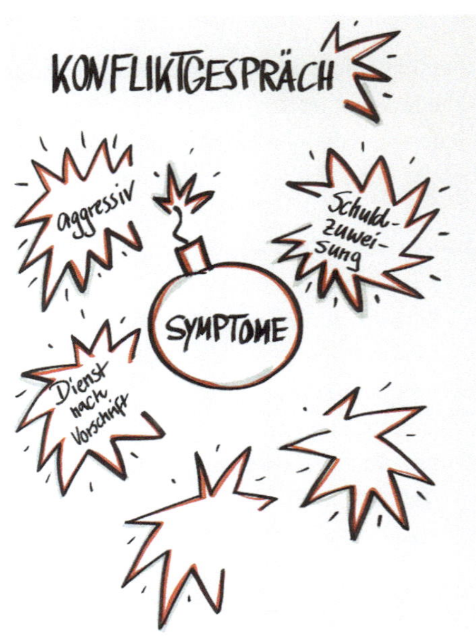

Tipp für Material:

- Konturenmarker schwarz
- grauer Marker für Schattierung
- roter Marker als Umrandung

Tipp

Rot ist eine Signalfarbe, die den Konflikt hier farblich noch mehr hervorhebt.

16.2.2 Entscheidungsvorbereitung

Mit dieser Vorlage können Entscheidungsalternativen übersichtlich dargestellt werden. Der Entscheidungsprozess wird für eine bestimmte Alternative transparenter aufgezeigt.

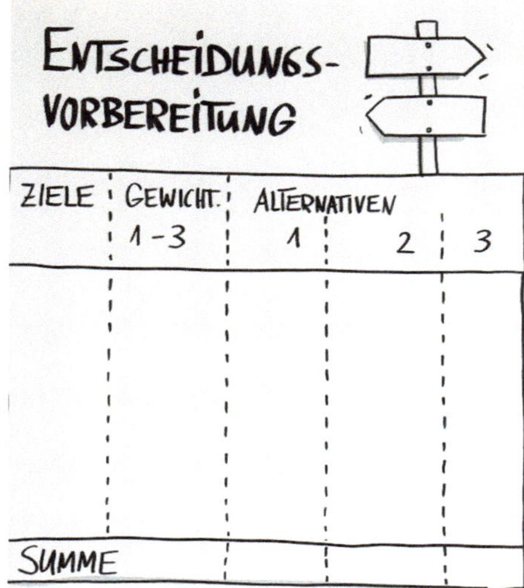

Tipp für Material:

- Konturenmarker schwarz
- grauer Marker für Schattierung

Tipp

Die Alternative, die ausgewählt wurde, kann noch farblich markiert werden.

16.2.3 Informations-/Meinungsaustausch

Das FlipChart oder die Pinnwand wird mit »Sprechblasen« vorbereitet. Im anschließenden Meeting werden die Informationen und Meinungen in die Sprechblasen eingetragen.

Informationen und Meinungen werden mit dem Symbol »Ausrufezeichen« gekennzeichnet.

Offene Fragen werden mit dem Symbol »Fragezeichen« markiert.

Tipp für Material:

- Konturenmarker schwarz
- grauer Marker für Schattierung
- blaue Pastellkreide zum Colorieren der Sprechblasen (Informationen, Meinungen)
- rote Pastellkreide zum Colorieren der Sprechblasen (Fragen)

16.2.4 Problemvorstellung/-diskussion

Im Meeting wird ein bestimmtes Problem vorgestellt. Die Symbole zeigen klar, um was es konkret geht: Prozessqualität = Daumen runter.

Die Ursachen werden im Meeting vorgestellt.

Tipp für Material:

- Konturenmarker schwarz
- grauer Marker für Schattierung

16.2.5 Lessons Learned

Lessons Learned dienen der Nachbetrachtung von abgeschlossenen Projekten, Phasen oder Aufgabenstellungen.

Dieses FlipChart soll den Prozess unterstützen. Die Erfahrungen (Lessons Learned) werden in TOP oder FLOP unterteilt. Anschließend wird eine Empfehlung für die Zukunft ausgesprochen.

Tipp für Material:

- Konturenmarker schwarz
- grauer Marker für Schattierung
- Wachsmalstifte oder-blöcke zum Colorieren

16.2.6 Projektstatus

Diese Visualisierung dient der übersichtlichen Darstellung des Projektstatus, z. B. in einem Projekt-Meeting.

Die Projektbeteiligten erkennen auf einen Blick, wo das Projekt steht. Die nächsten Schritte werden entweder gemeinsam festgelegt oder vom Projektleiter vorgegeben.

Tipp für Material:

- Konturenmarker schwarz u
- grauer Marker für Schattierung

Tipp

Hängen Sie den jeweils aktuellen Projektstatus in Ihrem Büro oder Projektbesprechungsraum auf. So hat jeder den Status und die weiteren Schritte im Fokus.

16.2.7 Meilenstein-Review

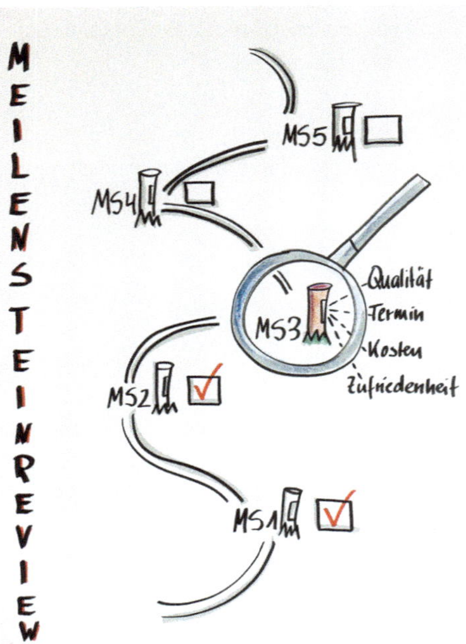

Wichtige Meilensteine im Projekt werden überprüft:

- Qualität
- Termine
- Kosten und
- Zufriedenheit der Beteiligten.

Die Visualisierung zeigt zum einen auf, welche Phasen schon abgearbeitet und freigegeben wurden (MS1 und MS2) und zum anderen, an welchem Meilenstein das Projekt zurzeit steht. Im Projekt-Meeting wird nun über das Ergebnis des dritten Meilensteins diskutiert und die Freigabe oder Nicht-Freigabe beschlossen.

Tipp für Material:

- Konturenmarker schwarz
- grauer Marker für Schattierung
- Wachsmalstifte oder -blöcke zum Colorieren
- roter Marker zum Abhaken der Meilensteine

16.2.8 Ideen 2019

In einem jährlichen Meeting werden Ideen für das kommende Jahr diskutiert.

Der Moderator bereitet eine Mindmap auf einem FlipChart oder einer Pinnwand vor. In der Mitte wird das Thema notiert. Weitere »Ideenwolken« werden um das Thema drapiert.

Im Meeting werden je nach Ideenanzahl weitere Wolken hinzugefügt.

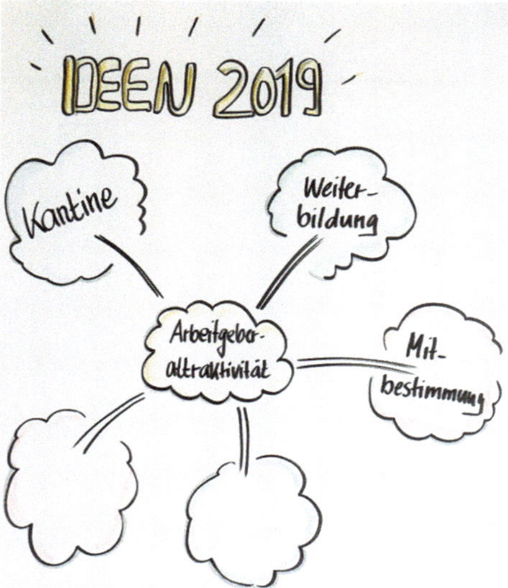

Tipp für Material:

- Konturenmarker schwarz
- grauer Marker für Schattierung
- Wachsmalstifte oder -blöcke zum Colorieren

Platz für eigene Übungen …

17 Der Rahmen

17.1 Zielsetzung

Präsentationen, Meetings und Workshops brauchen einen Rahmen, um die Teilnehmer positiv auf die Themen einzustimmen und ihnen Orientierung während des gesamten Verlaufs zu geben.

Visualisierungen auf FlipCharts oder Pinnwänden unterstützen diesen Prozess. Im Kapitel 11.5 sehen Sie Piktogramme als Beispiele für die »Rahmengebung«.

Auf den Folgeseiten sehen Sie einige Impulse für Ihre Präsentationen, Workshops und Meetings:

- Begrüßung (Kapitel 17.2.1)
- Agenda und Zeitplan (Kapitel 17.2.2)
- Vorstellungsrunde (Kapitel 17.2.3)
- Erwartungs- und Zielabfrage (Kapitel 17.2.4)
- Abfrage Stimmungsbild (Kapitel 17.2.5)
- Die nächsten Schritte (Kapitel 17.2.6)
- Blitzlicht und Abschluss-Feedback (Kapitel 17.2.7)

17.2 Beispiele

17.2.1 Begrüßung

17.2.2 Agenda und Zeitplan

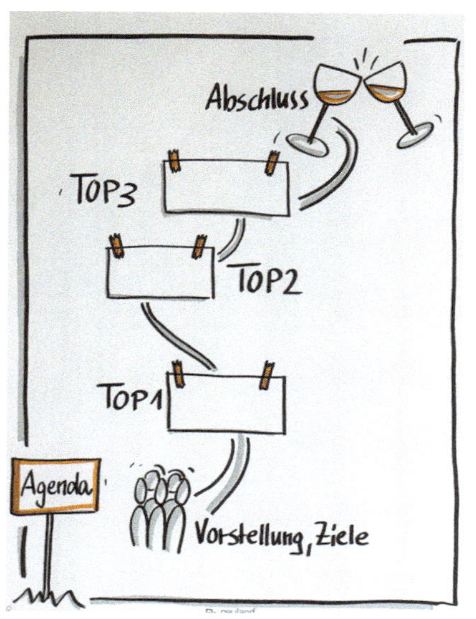

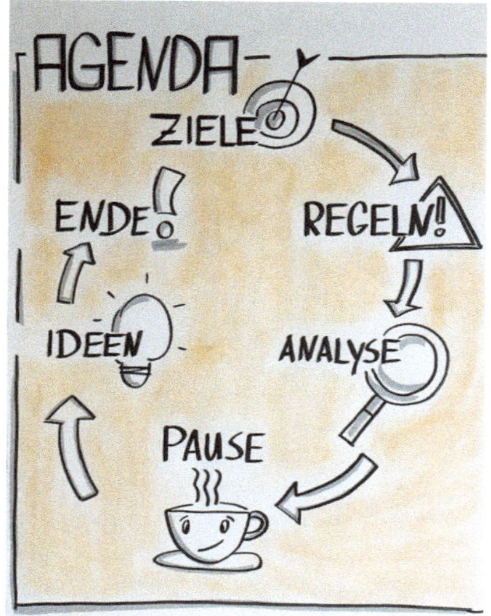

17.2.3 Vorstellungsrunde

17.2.4 Erwartungs- und Zielabfrage

17.2.5 Abfrage Stimmungsbild

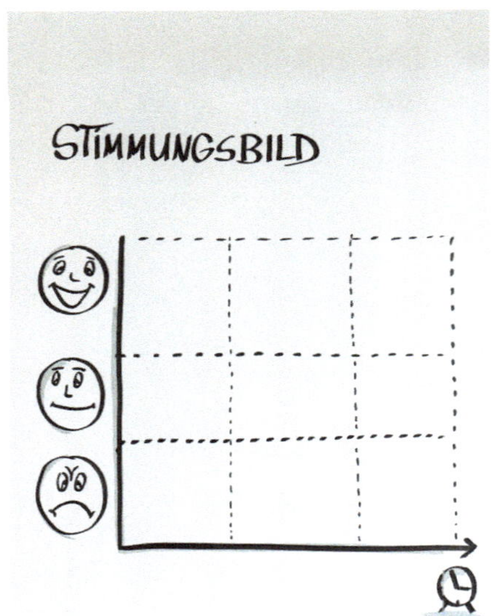

17.2.6 Die nächsten Schritte

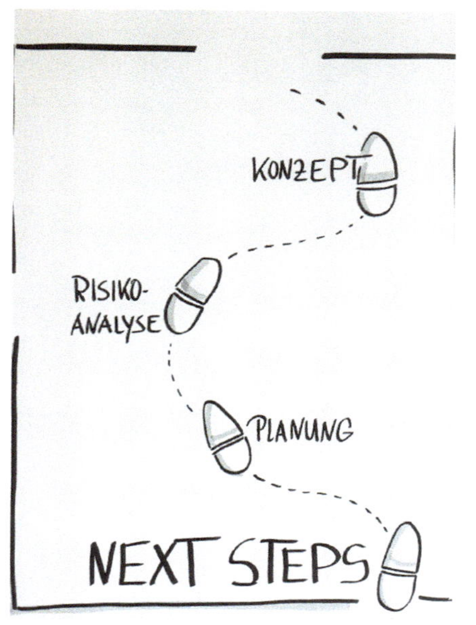

17.2.7 Blitzlicht und Abschluss-Feedback

18 Gestaltung FlipChart und Pinnwand

18.1 Verschiedene Varianten der Gestaltung

FlipCharts und Pinnwände können in unterschiedlichen Varianten entwickelt werden. Die Grundstrukturen sind:

- Modular
- Mindmap
- Pfeil oder Weg
- Kreis
- Spalten.

Bei der modularen Struktur ordnen Sie die Elemente (Texte und Visualisierung) modular an. Entweder von links oben nach rechts unten oder von rechts unten nach links oben.

Bei der Mindmap-Variante setzen Sie das zentrale Thema in die Mitte (oder auch links oben, rechts unten), alle Unterelemente gehen dann von diesem zentralen Thema aus. Die Unterelemente werden wiederum in weitere Elemente unterteilt usw.

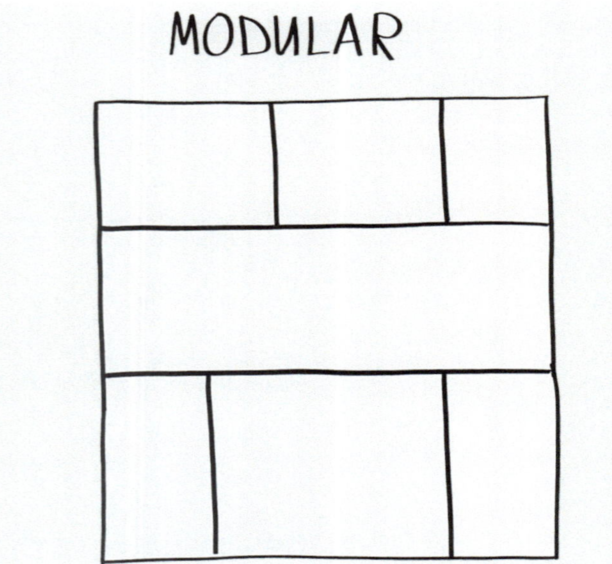

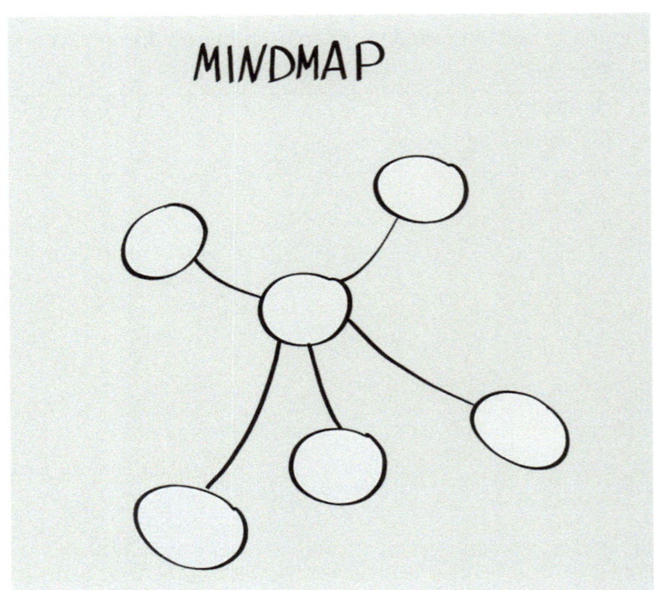

Der Pfeil oder der Weg kann von unten nach oben führen oder von oben nach unten. Pfeile, Wege zeigen die Richtung an, geben Orientierung. Elemente werden um den Pfeil, den Weg drapiert.

Bei der Kreisvariante ordnen Sie Ihre Elemente im Uhrzeiger-Sinn von rechts oben nach links oben an.

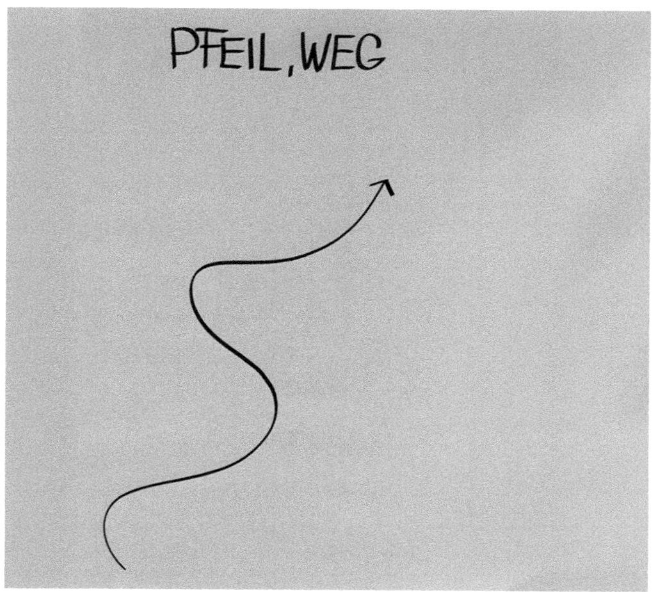

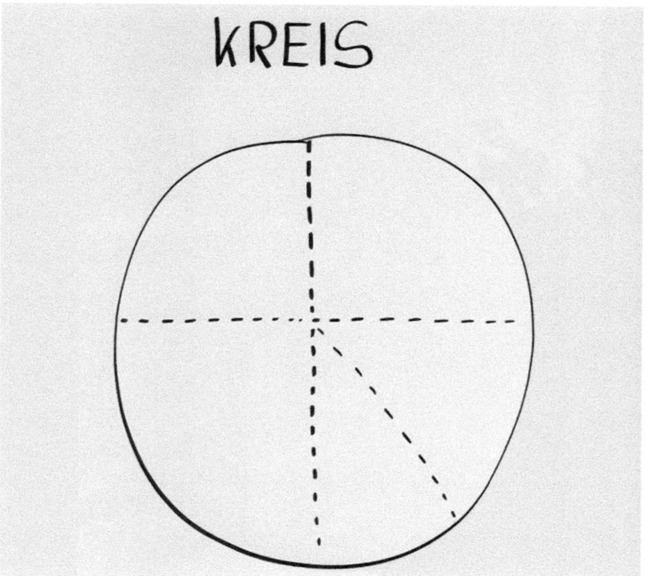

Die Elemente werden spaltenmäßig von oben nach unten, von links nach rechts dargestellt.

18.2 Schritt für Schritt: Vom Text zur Farbe

Auf den folgenden Seiten sehen Sie eine Anleitung, wie Sie Ihre FlipCharts und Pinnwände Schritt für Schritt entwickeln.

Tipp

Wenn Sie ein Bild, eine Visualisierung entwickeln, fotografieren Sie einfach die einzelnen Schritte Ihrer Visualisierung. So erkennen Sie, wie sich das Bild Schritt für Schritt verändert.

Ihre Visualisierungen können Sie z. B. auch vorbereiten, in dem Sie nur den Text auftragen. Ihre Texte werden anschließend im Workshop, im Meeting oder während der Präsentation durch Ihre Visualisierungen ergänzt. Je mehr Übung Sie damit haben, desto sicherer werden Sie.

Schritt 1: Text

Notieren Sie zuerst die wesentlichsten Textaussagen mit einem schwarzen Konturenstift. Die Überschrift steht z. B. oben mittig.

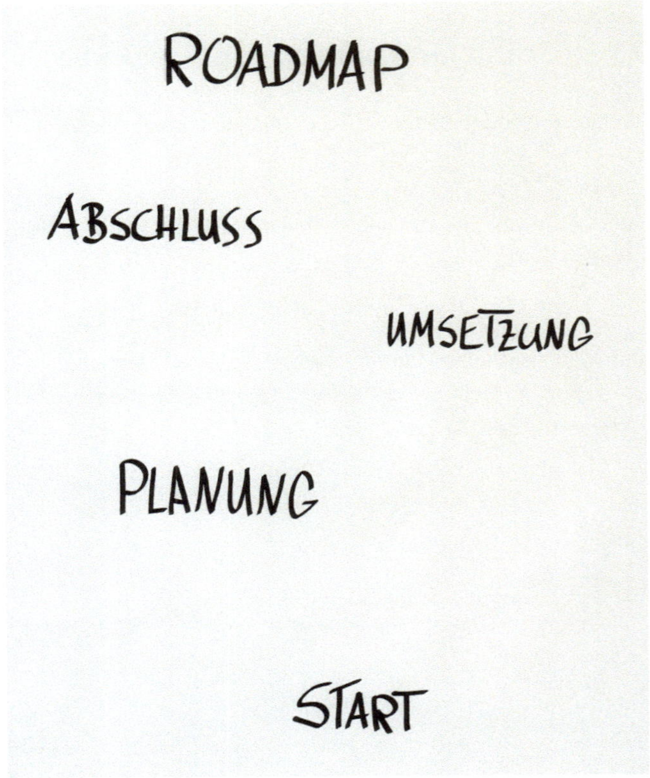

ROADMAP
ABSCHLUSS
UMSETZUNG
PLANUNG
START

Schritt 2: Visualisierung

Als nächstes zeichnen Sie Ihre Visualisierungen (Icons, Bildsymbole). Die Symbole verstärken die Textaussage.

Setzen Sie an den entsprechenden Stellen Bewegungs- oder Effektlinien.

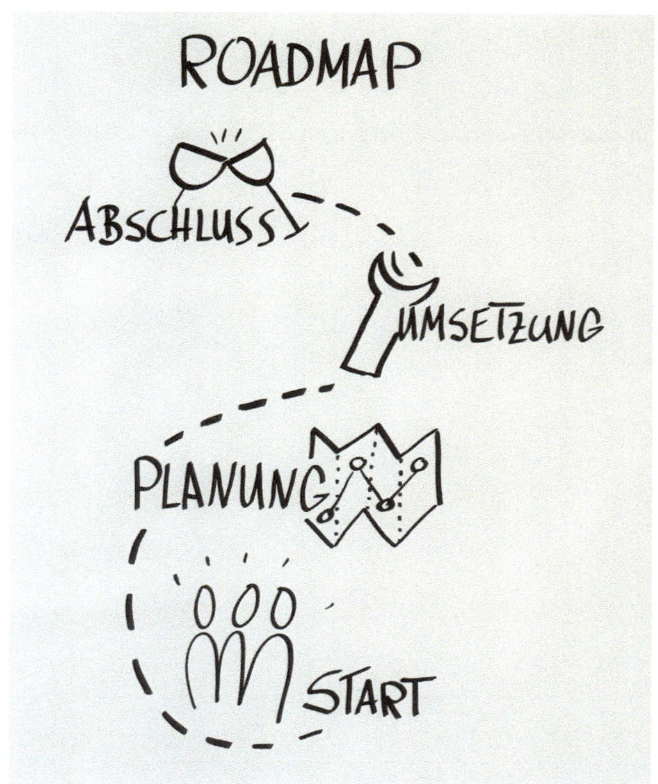

Schritt 3: Rahmen

Danach zeichnen Sie den Rahmen um das Bild und einen Rahmen für Ihre Überschrift.

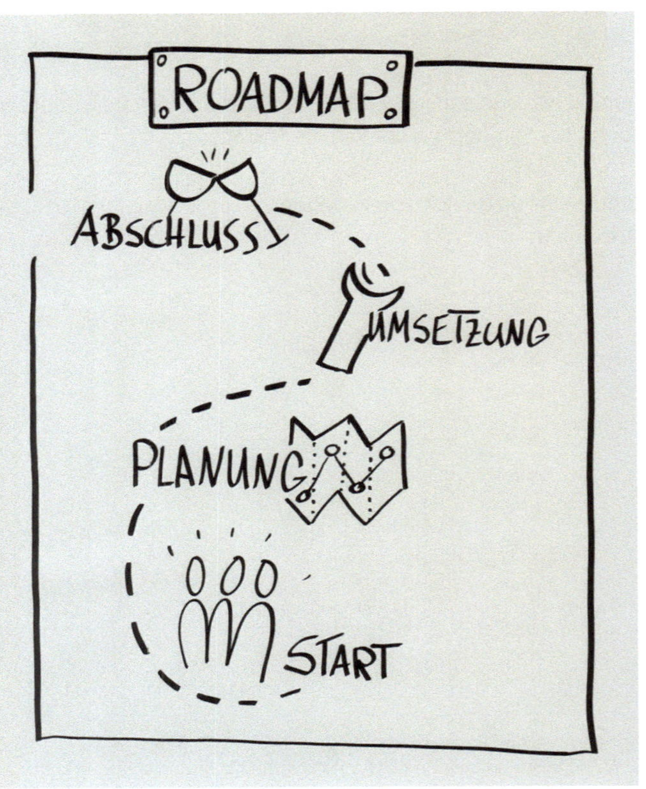

Schritt 4: Schattierung

Anschließend schattieren Sie den Rahmen und Ihre Visualisierungen.

> **Tipp**
>
> Achten Sie auf die »Lichtquelle« für Ihre Schattierungen. Kommt z. B. das Licht von oben rechts, dann zeichnen Sie den Schatten für Rahmen und Visualisierungen auf der linken und unteren Seite.

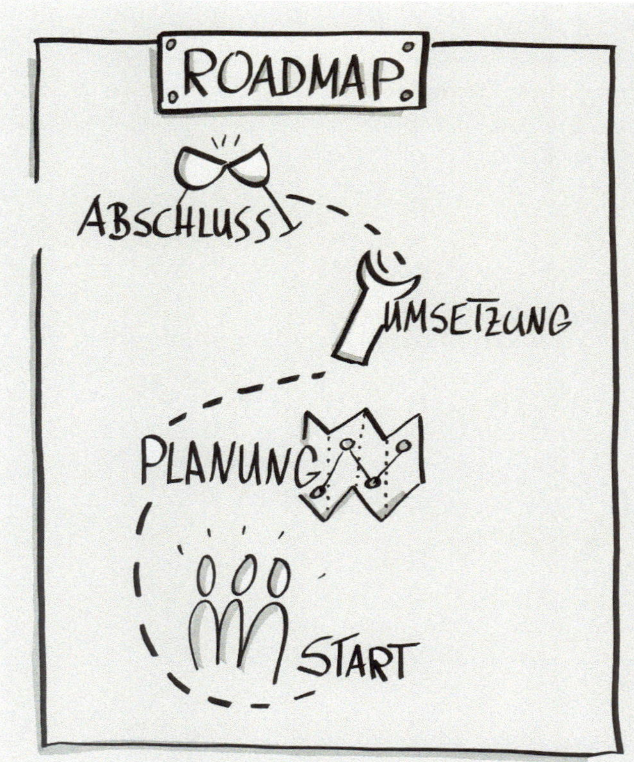

Schritt 5: Farbe

Zum Schluss kommt Farbe ins Spiel. Colorieren Sie Ihre Symbole und den Hintergrund mit Wachsmalstiften, Kreide oder Farbmarkern.

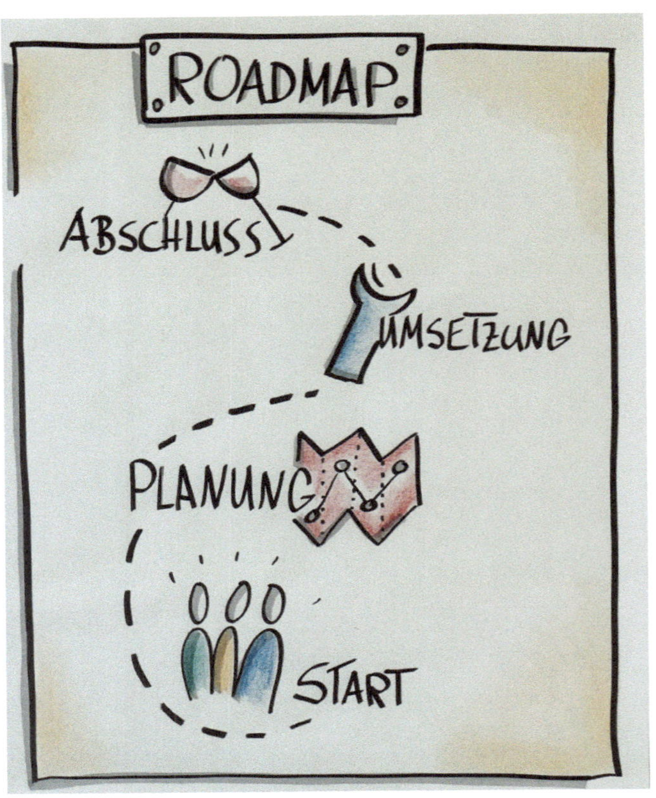

18.3 Die Vorbereitung (das Setting)

Auch visualisierte Anlässe sollten gut vorbereitet sein. FlipCharts oder Pinnwände werden »vorgezeichnet«, Moderationsmaterial wird ausgewählt, FlipChart und Pinnwände werden bereitgestellt.

Zur Vorbereitung gehört auch, sich Gedanken darüber zu machen, was und wie Sie visualisieren möchten.

- An welcher Stelle ist Visualisierung hilfreich, wann eher unnötig oder hinderlich?
- Lassen sich die Zielgruppe oder die Teilnehmer auf Visualisierungen ein, kann ich sie gar integrieren?
- Wie viel muss vorbereitet, d. h. vorgezeichnet, werden oder kann die Visualisierung spontan im Meeting erfolgen?
- Mit welchem Begrüßungsbild stimme ich meine Teilnehmer auf den Workshop positiv ein?
- Wie fasse ich die Ergebnisse zusammen, reicht z. B. ein Fotoprotokoll?

Die folgende Checkliste unterstützt Sie beim Vorbereiten Ihrer Präsentation, Ihres Workshops oder Ihres Meetings.

Legen Sie den organisatorischen Rahmen, wie Thema, Teilnehmer, Agenda, fest. Wählen Sie die Anzahl der Moderationsmedien aus, wie Pinnwände, FlipCharts und weiteres Moderationsmaterial.

Überlegen Sie, welche Fachbegriffe in Ihrem Workshop eine Rolle spielen und halten Sie diese visuell fest.

Alle Themen, die Sie in Ihrem Workshop visualisieren möchten, können Sie nun auf den angedeuteten FlipChart-Blättern mit einem Bleistift oder einem Filzschreiber visualisieren. So sehen Sie auf einen Blick den Ablauf Ihres »visualisierten« Workshops im Kleinformat.

Überlegen Sie sich anschließend, welche Visualisierungen Sie vorbereitend auf FlipChart oder Pinnwände übertragen können und welche Visualisierungen Sie im Laufe des Workshops spontan zeichnen möchten.

Ihr Setting dient auch als Drehbuch für den Ablauf Ihres Workshops, Ihrer Präsentation oder Ihres Meetings. Damit sind Sie gut gewappnet!

Die Ergebnisse werden anschließend abfotografiert und den Teilnehmern zur Verfügung gestellt. Archivieren Sie das Fotoprotokoll gemeinsam mit Ihrem Drehbuch. So entwickeln Sie mit der Zeit einen Fundus von Visualisierungen und Drehbüchern für verschiedene Anlässe.

Gelungene Visualisierungen können Sie auch aufbewahren, insbesondere dann, wenn Sie sie wiederverwenden möchten. Dafür eignen sich spezielle FlipChart-Köcher oder -Boxen.

Die nachfolgende Vorlage steht Ihnen online unter https://www.sabine-peipe.de/resources/ecics_13.docx zur Verfügung.

Vorbereitung (Setting)	Moderationsmaterial	Agenda
Thema: Digitale Transformation	☒ FlipChart (2x)	1. Begrüßung, Agenda
Ziel/Ergebnis: Risiken und Chancen, Wege für unser Unternehmen	☒ Pinnwände (4x)	2. Ziele/Erwartungen abfragen
Termin: 15.10. Uhrzeit: 9:00	☒ Moderationskoffer (1x)	3. Brainstorming: Risiken und Chancen
Ort: Zimmer 501		4. Gruppenarbeit
Teilnehmer: GF, AL, PL	☐	5. Präsentation
P ☐ W ☒ M ☐	☐	6. Die nächsten Schritte
P(räsentation), W(orkshop), M(eeting)	☐	7. Abschluss, Blitzlicht
Platz für Symbole:	   ZIEL	

Begrüßung

Agenda

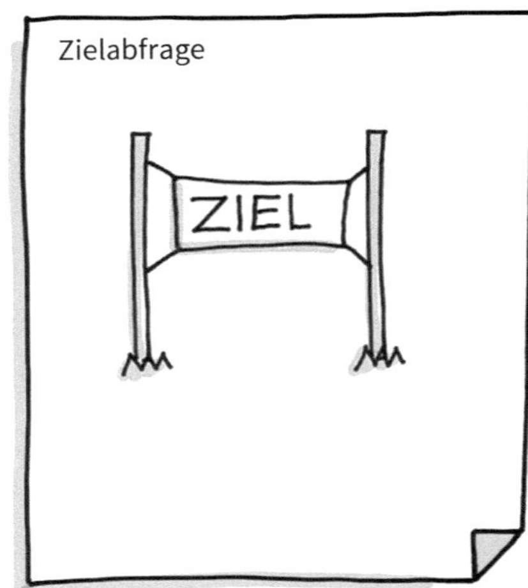
Zielabfrage
ZIEL

Thema 1: Brainstorming zu Risiken und Chancen der DIT

Thema 2: Gruppenarbeit

Die nächsten Schritte

Abschlussresümee

Blitzlicht, Feedback

19 Mit Visualisierung Online-Meetings kreativ und zielführend gestalten

An Online-Meetings, -Workshops, -Präsentationen kommt man heutzutage nicht mehr vorbei. Zu groß war der Druck, bedingt durch die »Corona-Jahre«, remote zu arbeiten und zu kommunizieren. Online arbeiten und kommunizieren bietet viele Vorteile, z. B. spart man Reisekosten, Räumlichkeiten und Medien (Beamer etc.) müssen nicht reserviert werden, jede/r kann sich von »unterwegs« zuschalten usw.

Andererseits können Online-Meetings sehr oft langweilig sein, PowerPoint-Präsentationen werden »durchgepeitscht«, Möglichkeiten des kreativen Arbeitens werden nicht genutzt, Teilnehmer schalten ihre Kamera aus und sind schlimmstenfalls nicht anwesend.

Visualisierungen in Workshops, Meetings und Präsentationen werden, wie in den vorigen Kapiteln beschrieben, eingesetzt um kreativ zu arbeiten, alle Beteiligten mit einzubinden und den Austausch untereinander zu fördern. Dieses Prinzip gilt genauso in Online-Formaten. Zusätzlich lockern sie die Online-Meetings auf, die Teilnehmer sind konzentrierter bei der Sache und beteiligen sich. Die Visualisierungen bleiben auch nach dem Online-Meeting länger haften, vor allem dann, wenn die Visualisierungen online erstellt, gespeichert und nachbereitend den Teilnehmern zur Verfügung gestellt werden.

Im Prinzip können alle Elemente und Business-Symbole, die Sie in diesem Buch gesehen und geübt haben, auf Online-Formate übertragen werden. Ob man auf Papier visualisiert und die Inhalte über eine Dokumentenkamera teilt oder die Visualisierung via Tablet mit einer Zeichenapp auf den Bildschirm bringt, die Elemente, die Symbole, die Gestaltung und Aufteilung des Papiers oder auf einer Zeichenfläche eines Tablets können genauso erstellt werden wie in einem analogen Meeting oder Workshop.

Visualisierungen bereiten Freude, sind greifbar und verständlich und motivieren die Teilnehmer dazu, sich stärker zu beteiligen. Gleichzeitig reduzieren Visualisierungen die Komplexität von bestimmten Sachverhalten, der Fokus liegt auf dem, was wirklich notwendig ist. So wird man dann auch in einem Online-Meeting oder -Workshop nicht mit einer Informationsflut überfordert.

Visualisierungen unterstützen also
- die Kreativität aller Beteiligten,
- konzentrieren sich auf das Wesentliche,
- geben Orientierung und Struktur und
- verbreiten Freude im Online-Meeting.

Damit das gut funktioniert, braucht es auch dafür eine gute Vorbereitung. Dazu gehören:
1. Das Setting
   Im Setting wird die Struktur der Online-Veranstaltung abgesteckt. Die Vorgehensweise ist im Kap. 18.3 Die Vorbereitung (das Setting) beschrieben. Statt Pinnwand und Flipchart, die in analogen Workshops, Meetings und Präsentationen bereitgestellt sind, kommen im Online-Format z.B. ein Tablet, eine Dokumentenkamera oder kollaborative Online-Tools (z.B. Miro, Conceptboard) zum Einsatz.
2. Willkommensbilder, Pausenbilder
   Willkommensbilder werden beim Start im Online-Raum gezeigt. Sie sollen auf das Thema einstimmen und motivierend sein. Da im Online-Raum die Konzentration schneller nachlässt, die Augen müde werden, ist es sinnvoll, alle 45-60 Minuten eine Pause einzuplanen. Ein motivierendes Pausenbild mit Angabe zur Dauer und wann es weitergeht bereiten Freude, sind eine Abwechslung und geben Orientierung.
3. Bilder zum »Ankommen« (Check-in)
   Bevor man als Moderator direkt ins Thema einsteigt, bietet es sich an, alle Beteiligten »abzuholen«. Das kann eine allgemeine

Frage oder eine spezifische Frage zum Thema sein. Beispielsweise: »Wie geht es Ihnen?« oder »Wie haben Sie heute Ihren Tag gestartet?« oder »Heute sprechen wir über die Bildung des Projektteams für das Projekt XYZ. Welche Gedanken beschäftigen Sie bzgl. Teambildung?«

4. Vorbereitete Templates für gemeinsames Arbeiten (z. B. Projektarbeit etc.)
   Sollen in einem Online-Workshop bestimmte Themen bearbeitet werden, z. B. in Form von Gruppenarbeiten, ist es sinnvoll dafür Templates vorzubereiten. Diese Templates nennen das Thema und die Aufgabe und sind mit einer passenden Visualisierung versehen. Ist dann Gruppenarbeit angesagt, werden die Teilnehmer in Breakout Rooms aufgeteilt und dort finden die Teilnehmer ihre entsprechenden Templates mit allen Informationen, die sie für die Bearbeitung benötigen.
5. Bilder zum »Abschied« (Check-out)
   Das Abschlussbild soll als »Anker« in Erinnerung bleiben. Damit verknüpft werden auch Aufgaben, die die Teilnehmer im Anschluss an das Meeting umsetzen sollen.

Die Templates und Visualisierungen werden vor dem Meeting vorbereitet und digital erstellt z. B. mit einem Tablet und einer entsprechenden Visualisierungs-App oder zuerst auf Papier visualisiert (Flipchart oder DIN A4), anschließend fotografiert und als Bilddatei im Meeting eingesetzt.

Im Folgenden sehen Sie ein Setting für ein Online-Meeting zum Thema Projekt-Kick-off mit vorbereiteten Templates.

Die Abwicklung eines Projektes wird gerne metaphorisch als eine Reise dargestellt. In diesem Beispiel wurde die Metapher »Schiffsreise« gewählt. Als Visualisierungen können nun Symbole erstellt werden, die man mit einer Schiffsreise assoziiert.

Template Willkommen

Template Check in

Template Agenda und Netiquette (Teamregeln)

Template Pausenbild

Vorbereitetes Template für Gruppenarbeit

Vorbereitetes Template für Gruppenarbeit

Template Blitzlicht, Feedback

Template Check-out

Alle Visualisierungen wurden digital mit einem Tablet und der Zeichen-App ProCreate erstellt. Das Bildformat ist .png oder .jpeg.

In einem Online-Meeting, einem Online-Workshop oder einer -Präsentation können diese Bilder nun vielseitig eingesetzt werden:

1. die Bilddateien im Online-Meeting teilen (Fenster teilen),
2. die Bilddateien in einer weiteren Software einbinden, z. B. in PowerPoint,
3. die Bilddateien in einem digitalen Kollaborationstool hochladen und mit den Teilnehmern gemeinsam synchron bearbeiten.

Digitale Helfer

Eine Dokumentenkamera kann problemlos eingesetzt werden. Die Kamera wird mit dem Computer verbunden. Die Visualisierung wird direkt analog auf einem Blatt Papier (DIN A4 oder A3) erstellt. Die Kamera überträgt die Visualisierung sofort auf den Bildschirm, das Fenster wird im Online-Meeting geteilt und die Visualisierung ist für alle Teilnehmer sichtbar. Gemeinsam kann nun diskutiert, Anregungen und Informationen können ausgetauscht werden. Währenddessen ergänzt, überarbeitet und verfeinert der Moderator oder die Moderatorin die Visualisierung auf dem Papier. Eine entsprechende Software, die mit der Dokumentenkamera mitgeliefert wird, speichert das erstellte Bild und kann anschließend an die Teilnehmer verteilt werden.

Digitales Visualisieren hat den großen Vorteil, dass die Bilder sofort digital erstellt und als Bilddatei (.png, .jpeg etc.) in vielen Online-Formaten eingebunden werden können. So kann beispielsweise während des Online-Meetings eine Visualisierung zu einem bestimmten Thema erstellt werden. Dazu wird beispielsweise das Tablet mit einem Kabel oder via Bluetooth mit dem Computer verbunden. Die Zeichenfläche des Tablets wird auf dem Computer dargestellt. Das Fenster wird im Online-Meeting entsprechend geteilt. Im Rahmen des Online-Meetings werden die Visualisierungen erstellt, z. B. komplexe Sachverhalte, Prozesse, Ideen usw. Anschließend wird die Visualisierung an alle Teilnehmer verteilt, ggf. eingebunden in einem Protokoll. Mit einem Tablet (z. B. iPad Pro), einem Tabletstift (z. B. Apple Pencil) und einer Zeichen-App (z. B. ProCreate) werden solche professionellen Visualisierungen erstellt. ProCreate enthält unterschiedliche digitale Stifte und Pinsel, eine große Farbpalette und Strichstärken, Zoomfunktionen und dergleichen mehr. Zusätzlich können Bilder und Fotos importiert und bearbeitet werden. Hat man sich mit den technischen Funktionen vertraut gemacht, gibt es sehr viele Möglichkeiten digital schöne Visualisierungen zu erstellen.

Vorbereitete Visualisierungen oder Templates können aber auch in einem digitalen Kollaborationstool wie Miro (miro.com) oder Conceptboard (conceptboard.com) hochgeladen und dann mit allen Teilnehmern gemeinsam bearbeitet, verändert und kommentiert werden. Diese Art des gemeinsamen (kollaborativen) Arbeitens erhöht die Aufmerksamkeit und weckt Kreativität. Die Teilnehmer werden mittels eines Links zum Kollaborationstool eingeladen. Dort stehen ihnen die vorbereiteten Templates, Visualisierungen, Dokumente etc. zur Verfügung. Nun können die Teilnehmer gemeinsam und synchron (zeitgleich) Ergänzungen vornehmen, Bilder verändern, Kommentare hinzufügen und dergleichen mehr.

Nützliche Praxistipps

Sie sehen, Visualisieren ist gar nicht so schwer. Orientieren Sie sich an den Beispielen, die hier im Buch dargestellt sind und schauen Sie sich die Lernvideos an, die online zur Verfügung stehen.

Versuchen Sie nicht, perfekt sein zu wollen! Perfekte Bilder erzeugen wenig Emotion und motivieren nicht. »Wackelige oder verrutschte« Bilder machen Spaß, motivieren zum Fragenstellen und binden so die Teilnehmer ein.

Integrieren Sie Ihre Kollegen und Mitarbeiter in den Visualisierungsprozess. Gemeinsam erzeugte Bilder machen Spaß, haben einen hohen Erinnerungswert und erzeugen Akzeptanz für das gemeinsam erschaffene »Werk«.

In jeder Organisation gibt es spezielle Fachbegriffe technischer oder organisatorischer Art oder bestimmte Floskeln, die sich in Meetings oder Workshops immer wiederholen. Entwickeln Sie dafür ein visuelles Fachvokabular, auf das Sie bei Bedarf zugreifen können. Mit etwas Übung gelingen Ihnen mit der Zeit diese Visualisierungen aus dem Handgelenk.

Achten Sie darauf, dass Ihre Marker immer gut mit Farbe gefüllt sind. Ein sauberer, satter Strich ist einfach schöner als Krakeleien mit fast leeren Stiften. Als Grundausstattung genügen ein schwarzer Konturenmarker, ein Stift zum Schattieren sowie zwei bis drei farbige Marker. Wachsmalkreiden oder Pastellkreiden erhalten Sie in jedem gut sortierten Geschäft für Büro- oder Bastelbedarf.

Üben Sie bei jeder Gelegenheit! Wenn Sie an einem Meeting teilnehmen, machen Sie sich einfach visuelle Stichworte statt nur Textmitschriften. Erstellen Sie einen visuellen Einkaufszettel oder visualisieren Sie die Bedienungsanleitung für Ihre neue Büro-Kaffeemaschine. Es gibt viele Möglichkeiten zur Visualisierung, wenn man sich nur umschaut.

Üben und visualisieren Sie zu Beginn mit Bleistift und Filzmarker auf einem DIN-A4-Blatt. Da können Sie sich ausprobieren und erste Kompositionen zusammenstellen. Nutzen Sie die Vorlage für das Setting (siehe Kapitel 18.3), das Ihnen im Download-Bereich zur Verfügung steht.

Mittlerweile gibt es verschiedene Apps, die Sie zur digitalen Visualisierung einsetzen können. Diese Apps haben den Vorteil, dass die Bilder direkt digital zur Verfügung stehen und zur weiteren Verwendung eingesetzt werden können. Ich nutze z. B. gerne die App *Noteshelf* für visuelle Protokollierungen.

Gelungene FlipCharts oder Pinnwände können Sie aufbewahren und wiederverwenden. Für die Archivierung gibt es verschiedene Köcher oder Archivierungsboxen im Handel.

Ihre Visualisierungen können Sie abfotografieren, digitalisieren und als Fotoprotokoll an Ihre Teilnehmer weitergeben. Zudem können Sie Ihre digitalisierten Visualisierungen in verschiedenen Dokumenten oder Präsentationen einfügen und so wiederverwenden.

Für das Abfotografieren mit dem Mobiltelefon oder dem iPad nutze ich die App *CamScanner*. Diese steht als Basisversion kostenlos zur Verfügung. Die Bilder werden mit dieser App entsprechend aufbereitet und weiterverarbeitet. Zudem können sie als PDF-Dokument sofort an alle Teilnehmer via E-Mail weitergeleitet werden.

Ich wünsche Ihnen viel Spaß beim Entdecken der Welt der Visualisierung.

NOTIZEN

NOTIZEN

NOTIZEN

NOTIZEN

NOTIZEN

NOTIZEN